CRITIQUE

DE LA THÉORIE

DES

FONCTIONS GÉNÉRATRICES.

Ouvrages du même auteur.

Introduction à la Philosophie des Mathématiques (1811).

Résolution générale des Équations de tous les degrés (1812).

Réfutation de la Théorie des fonctions analytiques de Lagrange (1812).

Philosophie de l'Infini (1814).

Philosophie de la Technie; 1ère section, contenant la Loi suprême des Mathématiques (1815).

Idem, 2e section, contenant les Lois des séries, comme préparation à la Réforme des Mathématiques (1816 et 1817).

Introduction au Sphinx, et les numéros 1 et 2 de ce recueil philosophique (1818).

Ces ouvrages, et la Critique présente, se trouvent chez MM. Treuttel et Wurtz, libraires, à Paris, rue de Bourbon, nº 17; à Strasbourg, rue des Serruriers, nº 30; et à Londres, Soho-Square, nº 30.

Et chez M. Delaunay, libraire, et M. Dentu, libraire, au Palais-Royal à Paris.

Les exemplaires authentiques de l'ouvrage présent portent le timbre ci-contre :

CRITIQUE

DE LA THÉORIE

DES

FONCTIONS GÉNÉRATRICES

DE M. LAPLACE,

PAR HOËNÉ WRONSKI.

A PARIS

DE L'IMPRIMERIE DE P. DIDOT L'AINÉ,

CHEVALIER DE L'ORDRE ROYAL DE SAINT-MICHEL,
IMPRIMEUR DU ROI ET DE LA CHAMBRE DES PAIRS.

AOUT 1819.

AVIS.

Des réformes scientifiques, sur-tout dans les sciences positives, paraissent tellement étranges, et froissent si forts certains intérêts, qu'on ne peut les entreprendre sans exposer sa tranquillité; et que, souvent même, lorsqu'il faut marcher rapidement au but, on ne le peut sans compromettre sa dignité. C'est sur-tout cette dernière nécessité que nous devons alléguer lorsque, interrompant nos recherches positives, nous nous voyons forcés d'entrer dans des discussions critiques, et même polémiques, pour arrêter des influences nuisibles aux progrès des sciences.

Ce dernier but était effectivement celui de l'ouvrage présent, lorsque, il y a six ans, nous en entreprîmes la publication. Mais le changement subit de l'état politique de l'Europe, survenu au moment même où l'impression de cet ouvrage était presque terminée (*), écarta son premier but, que nous venons de signaler, au point que, pour éviter des compromis désagréables, nous résolûmes de ne plus nous occuper de cette publication. Cependant, des résultats scientifiques majeurs qui se trouvent consignés dans cet opuscule, et dont nous avons besoin actuellement pour la publication de la suite de nos travaux, nous ont fait penser qu'en priant le public de faire abstraction de tout ce qu'il y a ici de polémique, comme étant tout-à-fait inutile dans l'état présent de l'Europe, nous pourrions publier cet ouvrage pour le seul but de ses résultats scientifiques.

Peut-être cet aperçu général des circonstances attachées à la publication de l'ouvrage présent, demande-t-il quelques explications. — Les voici.

Arrivé à Paris, l'auteur, connaissant toute l'étendue de l'influence qu'exercent les corps savans sur les peuples arriérés dans leur culture scientifique, crut devoir paralyser cette influence à son égard par une contradiction manifeste de l'Institut de France. Ce fait, comme il est notoire, est constaté par la comparaison de deux

(*) L'impression de cet ouvrage a commencé en avril 1813; elle fut suspendue vers la fin de la même année, et arrêtée définitivement à la quatorzième feuille, page 112, en avril 1814. — C'est pourquoi, dans ces quatorze premières feuilles, M. le marquis de Laplace se trouve qualifié du titre de comte qu'il portait alors.

rapports contradictoires que ce corps savant a approuvés en toutes formes, concernant les découvertes mathématiques de l'auteur; comparaison qui, pour être transmise à la postérité, se trouve placée, entre autres lieux, à la tête de la Réfutation de Lagrange. Mais, ne voulant accomplir un triomphe si pénible que dans le cas d'une nécessité absolue, l'auteur, après avoir obtenu, par un mémoire purement scientifique, un rapport qui pouvait lui servir dans tous les cas (*), et avant de provoquer, par un mémoire sur la réfutation de Lagrange, un rapport tout-à-fait contradictoire, crut, pour bien éclaircir sa conscience, devoir s'enquérir sur les dispositions qu'on avait pour des vues tendant à tirer enfin du chaos le savoir humain. Il se rendit en conséquence chez un grand savant, avec lequel il eut la conversation dont voici les traits principaux.

L'auteur. — Si, par des motifs quelconques, on voulait s'opposer à l'établissement de ces vérités nouvelles, je me verrais réduit à user de la force même que donnent ces vérités pour réprimer une opposition aussi funeste que coupable. Ainsi, pour commencer, je frapperais la Théorie des fonctions analytiques de M. Lagrange, laquelle, comme vous le savez, Monsieur, a obtenu le premier des prix décennaux, et laquelle cependant, par son bouleversement des principes, est une véritable barrière contre tout progrès ultérieur des sciences mathématiques.

Le grand savant. — Considérée en général, cette prétendue répression de votre part, Monsieur, serait inexécutable. Car, d'après des mesures qu'on pourrait prendre, il arriverait assurément que les journaux étoufferaient toutes vos attaques. Cependant, pour ce qui concerne spécialement votre réfutation de M. Lagrange, il est à présumer qu'elle pourrait attirer l'attention du public.

L'auteur. — Mais, ces prétendues attaques je pourrais les présenter à l'Institut impérial, ou, s'il en était besoin, à l'Empereur lui-même.

(*) Le célèbre M. Cuvier a répandu le bruit que c'est uniquement à son influence que l'auteur doit ce rapport favorable. L'auteur croit donc de son devoir de témoigner ici ses remercimens à ce savant généreux, d'autant plus qu'il n'a pas l'honneur de le connaître. Mais il est bon que le public sache que ce qu'il y a réellement de favorable pour l'auteur dans ce rapport, c'est la SURPRISE que MM. les commissaires de l'Institut, Lagrange et Lacroix, ont éprouvée en voyant une loi universelle de la science; surprise qu'ils ont exprimée en ces termes :

« Mais, ce qui a FRAPPÉ vos commissaires dans le mémoire de M. Wronski, c'est qu'il tire de sa formule « toutes celles que l'on connaît pour le développement des fonctions (c'est-à-dire, toutes les mathématiques « modernes), et qu'elles n'en sont que des cas très particuliers. »

C'est sans doute cette surprise que M. Cuvier aura excitée chez Messieurs les commissaires de l'Institut?

Le grand savant. — L'Institut ferait justice de vos mémoires. Quant à l'Empereur, si vos pamphlets lui parvenaient, il consulterait M. Laplace, qui, à cet égard, ne contredirait certainement pas l'Institut.

L'auteur (indigné). — Et si, parmi ces pamphlets, il se trouvait une critique bien détaillée de la Mécanique céleste de M. Laplace?

Le grand savant (paraissant n'avoir pas entendu, et se levant pour terminer cet entretien). — Vous croyez donc, Monsieur, que les gouvernemens existent pour le bien des sciences. Nous autres, nous pensons ici que les sciences doivent être utilisées pour le bien de la politique. — J'ai l'honneur de vous saluer.

Cette dernière réponse, au moment où Bonaparte se proposait d'étendre sa domination sur l'Europe éclairée, et lorsque déja M. Cuvier était parti pour organiser l'université de Goettingue, cette réponse, disons-nous, mit dans tout son jour la nécessité de déchirer le bandeau qu'au nom de la science on imposait au peuple.

La Réfutation de Lagrange fut donc présentée à l'Institut impérial; et cet illustre corps en fit justice, comme l'avait prédit le grand savant. Nous fîmes alors connaître, avec éclat, cet insigne justice, par notre comparaison des deux fameux rapports de ce corps savant. Il est possible que la profusion avec laquelle nous avons répandu en Europe cette singulière comparaison, ait contribué à dessiller les yeux. Quoi qu'il en soit, devant presser les résultats, et ne pouvant encore procéder à la publication de la Critique de la Mécanique céleste, nous entreprîmes de publier en attendant la Critique de la Théorie des Fonctions génératrices de M. Laplace. Mais, lorsque l'impression de cet ouvrage fut sur le point d'être achevée, le sort politique de l'Europe et, avec lui, le sort des lumières européennes changèrent tout-à-coup. La publication de cette Critique, considérée dans son premier but, devint donc inutile; et, par la crainte de faire quelque chose de désagréable à M. Laplace, dont nous estimons le talent mathématique, nous avons différé indéfiniment de publier cet ouvrage. Aujourd'hui, ayant eu occasion de faire quelques réflexions sur l'intérêt que les hommes attachent à la vérité, nous craignons au contraire de faire injure à M. le marquis de Laplace, en renonçant à publier un ouvrage par la raison qu'il sert à éclaircir quelques erreurs de sa part, sur-tout lorsque cet ouvrage contient d'ailleurs des résultats scientifiques importans, dont nous avons besoin pour la publication ultérieure de nos travaux.

Nous offrons donc au public cette production, en le priant expressément de n'y voir rien autre que ces résultats scientifiques que nous venons de nommer, et de ne pas faire attention à la critique de M. Laplace, qui n'entre plus aucunement dans nos buts.

Il ne sera peut-être pas ici hors de propos de rappeler les résultats nouveaux que la science a déja reçus par suite de la réforme philosophique que nous y avons introduite, et de signaler ceux qu'elle recevra incessamment pour achever cette réforme. — Les voici.

Pour ce qui est déjà fait, l'Algorithmie, cette base des sciences mathématiques, la prétendue *analyse* des géomètres, a reçu une détermination exacte, dans son ensemble et dans toutes ses parties constituantes. Une grande division de ces sciences, en THÉORIE et en TECHNIE, a été opérée; et par-là le chaos où les géomètres étaient plongés, en confondant toutes les diverses générations des quantités, a été débrouillé. De plus, dans chacune de ces deux branches distinctes, toutes leurs parties intégrantes ont reçu des démarcations précises, des principes infaillibles, et leurs lois fondamentales. Mais, ce qui caractérise essentiellement cette réforme, c'est la tendance philosophique de ramener tous les résultats de la science à un seul principe, à la LOI SUPRÊME des Mathématiques, que nous avons donnée, et à laquelle nous avons effectivement ramené tous les résultats des Mathématiques modernes.

Pour ce qu'il reste à faire, nous donnerons incessamment, par des moyens simples, la résolution générale des équations ordinaires, l'intégration générale des équations aux différences et aux différentielles, et la déduction des lois téléologiques pour fonder la théorie des nombres. Nous procéderons enfin à l'exposition de la MÉTHODE SUPRÊME, telle que nous l'avons déja signalée à la fin de la seconde section de la Philosophie de la Technie, et telle que, par la réalisation définitive de la loi universelle des Mathématiques, elle doit terminer la science.

Alors, comme le requiert l'idéal de tout savoir parfait, cette grande ou plutôt cette première des sciences, prise dans ses immenses détails, se trouvera enfin subordonnée, quant à son essence, uniquement à la LOI SUPRÊME, et quant à sa forme, à deux grandes modifications de cette loi, au PROBLÊME UNIVERSEL et au PRINCIPE TÉLÉOLOGIQUE, que nous avons déja laissé entrevoir aux géomètres. Et telle sera, si Dieu nous protège, la nouvelle période mathématique, qui est un des buts de nos travaux.

CRITIQUE
DE LA THÉORIE DES FONCTIONS GÉNÉRATRICES.

VERS le tems de la publication de notre *Introduction à la Philosophie des Mathématiques*, M. le comte Laplace publia un Mémoire sur les *Fonctions génératrices, les intégrales définies*, etc., où cet illustre auteur parle de sa méthode des fonctions génératrices comme d'une théorie fondamentale, formant une branche primitive de l'Algorithmie. Nous n'avons pas jugé convenable alors de faire connaître cette erreur, voyant qu'elle provenait de ce que son auteur n'avait pas bien approfondi la nature des séries, et par conséquent qu'il n'avait pas encore pressenti la distinction entre la génération théorique et la génération technique des quantités algorithmiques : nous nous imaginions que, lorsque cette distinction serait connue des géomètres, par ce que nous en disions dans notre Philosophie, ils renonceraient d'eux-mêmes à confondre la Technie avec la Théorie de l'Algorithmie ; et nous espérions ainsi que M. le comte Laplace reconnaîtrait, par lui-même, que sa soi-disant *Théorie* n'est qu'un procédé technique indirect, purement inductionnel, fondé sur un cas très particulier de la méthode générale de la Technie de l'Algorithmie. Quelle fut notre surprise lorsqu'un an après, le même auteur, en publiant la *Théorie des probabilités*, reproduisit sa Théorie des fonctions génératrices avec les mêmes prétentions, et même avec des prétentions plus grandes, voulant, pour ainsi dire, ramener à cette derniere Théorie, tout ce qui concerne le Calcul des différences, et par conséquent le Calcul différentiel! Ces prétentions mathématiques se trouvaient sur-tout relevées par certaines prétentions philosophiques qui paraissent servir de fondement aux premières. Nous nous contenterons ici de rapporter, de l'ouvrage de M. le comte Laplace, le passage suivant : « Les résultats transcendans de l'analyse « (l'auteur veut parler de l'Algorithmie) sont, comme toutes les abs- « tractions de l'entendement, des signes généraux, dont on ne peut « connaître la véritable étendue, qu'en remontant, par l'analyse ma- « thématique, aux idées élémentaires qui y ont conduit, ce qui pré- « sente souvent de grandes difficultés; car l'esprit humain en éprouve « moins encore à se porter en avant, qu'à se replier sur lui-même « (*Théorie des Probabil. page* 7). »

Ce sont de pareilles déclamations prétendues métaphysiques, preuves incontestables d'une vraie logomachie philosophique, qui ont donné, à la plupart des géomètres du jour, cette tendance matérialiste qui les caractérise éminemment, et qui les a portés dans le faux point de vue où ils se trouvent placés généralement, sur-tout par rapport à tout ce qui concerne les principes et les lois fondamentales de la science. Aussi nous attacherons-nous à examiner la *Théorie des fonctions génératrices*, bien moins pour en évaluer la presque nullité mathématique, que spécialement pour montrer la fausseté de la tendance philosophique qui paraît dominer l'auteur de cette fastueuse production.

Tel est le but de cet ouvrage. — Venons au fait.

M. le comte Laplace débute ainsi : « Soit y_x une fonction quel- « conque de x; si l'on forme la suite infinie

$$y_0 + y_1 . t + y_2 . t^2 + y_3 . t^3 \dots + y_x . t^x + y_{x+1} . t^{x+1} \dots + y_\infty . t^\infty ;$$

« on peut toujours concevoir une fonction de t, qui développée sui- « vant les puissances de t, donne cette suite : cette fonction est ce « que je nomme *fonction génératrice* de y_x. »

C'est donc là, et l'auteur en convient lui-même, le PRINCIPE PREMIER de la Théorie des fonctions génératrices. — Or, comme telle, cette théorie se trouve d'abord fondée visiblement sur la nature des séries, qu'elle requiert explicitement. Ainsi, en rappelant ici ce que, dans la *Réfutation de la Théorie des fonctions analytiques*, nous avons prouvé sur l'insuffisance de la connaissance qu'on a de la nature des séries, nous pouvons nous borner, pour faire apprécier la certitude attachée au principe de la Théorie des fonctions génératrices, à faire remarquer qu'elle repose sur un fondement encore inconnu des géomètres. On conçoit, par là, quel est le degré de l'évidence mathématique, et sur-tout celui de la conviction philosophique, que cette théorie peut apporter dans la science.

Cet état de déduction de la Théorie des fonctions génératrices, n'est même possible que lorsque la variable x dans la fonction y_x, est un nombre entier et positif. — Pour pouvoir supposer négative cette variable x, la Théorie des fonctions génératrices est forcée d'imaginer, dans sa série fondamentale $y_0 + y_1 . t + y_2 . t^2 +$ etc., un prolongement indéfini du côté des puissances négatives de t; ce qui est tout-à-fait gratuit, parceque le développement des fonctions, sur lequel cette théorie se trouve fondée, ne nous apprend rien de pareil. De plus, pour pouvoir supposer fractionnaire, irrationnelle, transcendante, ou même idéale (imaginaire), la même variable x, la théorie dont il s'agit, est forcée de concevoir une infinité de termes intercalés entre ceux de la série fondamentale, ou même une infinité de termes entièrement indépendans de ces derniers; ce qui est encore plus gratuit, parceque ces différentes suppositions exigent des principes tout-à-fait étrangers à ceux du développement d'une fonction (*), qui seul donne, à la théorie en question, le peu de signification qu'on peut lui attacher. — Il est donc indubitable que, déjà dans son origine, la Théorie des fonctions génératrices, en voulant la considérer comme une branche fondamentale et primitive de l'Algorithmie, ne serait qu'une rapsodie de principes.

Quoi qu'il en soit de ce mélange de principes, on tire facilement, du principe premier de la théorie dont il s'agit, savoir, de la considération du développement des fonctions, certaines propositions identiques que l'auteur présente comme étant les lois de sa théorie, et qui effectivement sont les règles fondamentales de ce procédé algorithmique. — Pour pouvoir mieux apprécier ces lois, nous allons les reproduire ici.

Il est évident, PAR IDENTITÉ, que si u est la fonction génératrice de y_x, celle de $y_{x+\xi}$ sera $\frac{u}{t^\xi}$, x et ξ étant des nombres entiers et positifs; et par conséquent que ... (1)

$$u\left(k_0 + \frac{k_1}{t} + \frac{k_2}{t^2} + \frac{k_3}{3} \dots + \frac{k_\omega}{t^\omega}\right)$$

sera la fonction génératrice de

$$k_0 \cdot y_x + k_1 \cdot y_{x+1} + k_2 \cdot y_{x+2} + k_3 \cdot y_{x+3} \dots + k_\omega \cdot y_{x+\omega},$$

k_0, k_1, k_2, ... k_ω étant des nombres quelconques. Or, si l'on désigne par ∇y_x la dernière de ces fonctions, et si de plus on fait

$$\nabla(\nabla y_x) = \nabla^2 y_x, \quad \nabla(\nabla^2 y_x) = \nabla^3 y_x, \quad \nabla(\nabla^3 y_x) = \nabla^4 y_x, \quad \text{etc.},$$

il est visible qu'en substituant successivement, dans l'expression (1),

(*) Voyez Philosophie des Mathématiques, à l'article de l'Interpolation, p. 245 et suiv.

cette même expression, à la place de la fonction u, on obtiendra généralement

$$u\left(k_0 + \frac{k_1}{t} + \frac{k_2}{t^2} + \frac{k_3}{t^3} \dots + \frac{k_\omega}{t^\omega}\right)^m$$

pour la fonction génératrice de $\nabla^m y_x$; ce que nous marquerons ainsi : ... (2)

$$u\left(k_0 + \frac{k_1}{t} + \frac{k_2}{t^2} \dots + \frac{k_\omega}{t^\omega}\right)^m = \textit{fonc. génér.}\,(\nabla^m y_x).$$

C'est là la RÈGLE FONDAMENTALE de la Théorie qui nous occupe; et cette règle, suivant sa déduction, n'est évidemment qu'une PROPOSITION IDENTIQUE, non seulement dans son contenu, mais même dans sa forme. En effet, ce que signifie le premier des deux membres de cette proposition, savoir, $u\left(k_0 + \frac{k_1}{t} + \frac{k_2}{t^2} \dots + \frac{k_\omega}{t^\omega}\right)^m$, est entièrement identique avec ce que signifie le second membre de cette proposition, savoir, *fonc. génér.* $(\nabla^m y_x)$.

En donnant aux quantités k_0, k_1, k_2, etc., certaines déterminations, la fonction ∇y_x reçoit des significations particulières, parmi lesquelles les deux suivantes sont les plus remarquables.

D'abord, si l'on fait $k_0 = -1$, $k_1 = +1$, $k_2 = k_3 = k_4 =$ etc. $= k_\omega = 0$, la fonction ∇y_x sera Δy_x, en prenant les différences Δ suivant la voie progressive. Donc, la règle générale (2) donnera alors la règle particulière ... (3)

$$u\left(\frac{1}{t} - 1\right)^m = \textit{fonc. génér.}\,(\Delta^m y_x).$$

En second lieu, si l'on fait $\omega = \infty$, $k_0 = k_1 = k_2 = k_3 =$ etc. $= 1$, la fonction ∇y_x sera

$$y_x + y_{x+1} + y_{x+2} + y_{x+3} \dots + y_{x+\infty};$$

c'est-à-dire qu'on aura $\nabla y_x = - \Sigma y_x$ (*Voyez Philos. des Mathém. page* 33 *et suiv.*). Donc, la règle générale (2) donnera alors la règle particulière

$$u\left(1 + \frac{1}{t} + \frac{1}{t^2} + \frac{1}{t^3} + \text{etc.}\right)^m = u \cdot \left\{\left(1 - \frac{1}{t}\right)^{-1}\right\}^m =$$

$$= (-1)^m \cdot u\left(\frac{1}{t} - 1\right)^{-m} = \textit{fonc. génér.} \left((-1)^m \cdot \Sigma^m y_x\right);$$

c'est-à-dire . . . (4)

$$u\left(\frac{1}{t} - 1\right)^{-m} = \textit{fonc. génér.} \left(\Sigma^m y_x\right).$$

Les deux règles particulières (3) et (4) peuvent être embrassées par la seule règle particulière . . . (5)

$$u\left(\frac{1}{t} - 1\right)^{\mu} = \textit{fonc. génér.} \left(\Delta^{\mu} y_x\right),$$

en admettant l'exposant μ comme positif et comme négatif, et en observant qu'on a $\Delta^{-\mu} y_x = \Sigma^{\mu} y_x$; et c'est cette dernière règle (5) qui donne l'utilité principale dont est susceptible le procédé algorithmique nommé Théorie des fonctions génératrices.

Ayant ainsi établi la règle générale et fondamentale (2) de cette soi-disant Théorie, procédons à en apprécier la nature, par le moyen même de sa règle fondamentale.

Un procédé algorithmique, pour être une THÉORIE, doit porter sur la relation de deux algorithmes différens ou hétérogènes; car, il est évident que la relation d'un même algorithme, quelles qu'en puissent être les modifications, ne peut donner lieu qu'à des propositions identiques. Pour mieux comprendre cette assertion, il faut savoir, d'abord en général, qu'une théorie quelconque a pour objet l'unité intellectuelle qui lie les choses hétérogènes d'une certaine nature; et il faut savoir de plus, en particulier, qu'il existe des algorithmes élémentaires et primitifs essentiellement hétérogènes, qui donnent lieu à des algorithmes dérivés et systématiques également hétérogènes (*Voyez le Tableau architectonique dans la Philosophie des Mathématiques*). On comprendra alors que c'est la liaison ou l'unité intellectuelle entre ces algorithmes hétérogènes, dans leur concours à la génération des quantités, qui seule peut former une théorie algorithmique; et on comprendra, de plus, qu'autant qu'il y a de pareilles liaisons intellectuelles possibles, entre les algorithmes hétérogènes dont nous parlons, autant il y a de théories différentes dans l'Algorithmie, et qu'il ne saurait y en avoir davantage (*). Ainsi, le caractère distinctif de toute théorie algorithmique, consiste visiblement en ce que la loi fondamentale de cette théorie, doit exprimer une liaison ou une unité intellectuelle entre des algorithmes hétérogènes; et par conséquent, en considérant ce caractère négativement, il consiste en ce que la loi fondamentale de la théorie, ne soit pas une proposition identique (**). Par exemple, la loi fonda-

---

(*) Dans notre Philosophie des Mathématiques, ces différentes théories se trouvent déduites *à priori*. Leur nombre et leur nature respective se trouvent ainsi fixés invariablement. On y voit que, dans l'état où se trouvait l'Algorithmie à l'époque de la publication de cette Philosophie, il ne manquait plus qu'une seule théorie, savoir, la Théorie des grades: toutes les autres théories algorithmiques étaient déja découvertes; sans en connaître les principes philosophiques, on en connaissait la nature algorithmique, plus ou moins vaguement.

(**) Nous venons de remarquer, dans la Note précédente, qu'à l'exception de la théorie des grades, les différentes théories de l'Algorithmie étaient déja connues. Il n'en était pas de même de leurs lois fondamentales: on ne connaissait encore qu'une seule de ces lois, savoir, le binome de Newton, formant la loi fondamentale de la théorie de la graduation. Nous avons fixé *à priori*, dans la Philosophie des Mathématiques, ces différentes lois fondamentales; et il se trouve, comme cela est nécessaire, qu'elles ont toutes le caractère positif et le caractère négatif que nous venons de leur reconnaître.

mentale de la théorie de la graduation (de la théorie des puissances et des racines), est l'expression algorithmique formant ce qu'on nomme *binome de Newton*, savoir :

$$(A+B)^m = A^m + \frac{m}{1}.A^{m-1}.B + \frac{m(m-1)}{1.2}.A^{m-2}.B^2 + \text{etc.};$$

et cette loi, en considérant l'exposant m dans toute sa généralité, exprime visiblement une liaison ou unité intellectuelle entre deux algorithmes hétérogènes, savoir, entre l'algorithme de la graduation (puissances et racines), impliqué dans le premier membre $(A+B)^m$ de cette loi, et l'algorithme de la sommation (addition et soustraction, y compris la multiplication et la division), impliqué dans le second membre $A^m + \frac{m}{1}.A^{m-1}.B +$ etc. de la même loi ; en sorte que la proposition que forme cette loi, n'est nullement une proposition identique, les deux membres de la relation d'égalité qui en est l'objet, étant essentiellement différens, lorsque, comme il le faut, on considère l'exposant m dans toute sa généralité, comme nombre positif ou négatif, entier, fractionnnaire ou incommensurable.

En appliquant ce critérium à la prétendue Théorie des fonctions génératrices, il sera facile, par le moyen de sa règle fondamentale (2), d'apprécier la nature de ce procédé algorithmique. — En effet, la déduction que ci-dessus nous avons donnée de cette règle, nous a fait reconnaître que cette dernière, prise dans son contenu et même dans sa forme, n'est qu'une PROPOSITION IDENTIQUE. Donc, en faisant abstraction de toutes autres considérations, nous conclurons ici, avec certitude, que le procédé algorithmique de M. le comte Laplace, dont il est question, n'est nullement une THÉORIE algorithmique, comme le prétend cet auteur.

Ainsi déja, ni le principe, ni la loi fondamentale de la soi-disant Théorie de M. le comte Laplace, ne peuvent donner, à ce procédé, le rang d'une branche fondamentale ou primitive de l'Algorithmie. — Voyons encore quelle importance peut recevoir ce procédé algorithmique des CIRCONSTANCES IMMÉDIATES qui lui sont attachées.

La circonstance principale, et que M. le comte Laplace voudrait faire valoir beaucoup, c'est, comme il le dit lui-même, que « le « calcul des fonctions génératrices, qui donne la *véritable origine* de « l'analogie entre les puissances et les différences, offre tant d'exem- « ples de ce transport des exposans des puissances aux caractéris- « tiques, qu'il peut être considéré comme le calcul exponentiel des « caractéristiques (*) ». — Pour apprécier complètement cette circonstance, il suffit d'examiner ce qu'elle vaut pour l'explication de l'analogie entre les puissances et les différences; car, c'est visiblement sur le même principe que repose l'explication de l'analogie entre les puissances et toutes les autres caractéristiques dont il s'agit ici.

Or, cette explication de l'analogie entre les exposans des puissances et ceux des différences, mise en avant avec tant de prétention, se réduit évidemment à la possibilité d'embrasser les deux règles particulières (3) et (4), par la seule règle particulière (5), savoir, d'embrasser les deux règles

$$u\left(\frac{1}{t}-1\right)^{+m} = \textit{fonc. génér.}\,(\Delta^m y_x)$$

$$u\left(\frac{1}{t}-1\right)^{-m} = \textit{fonc. génér.}\,(\Sigma^m y_x),$$

par la seule règle

$$u\left(\frac{1}{t}-1\right)^{\mu} = \textit{fonc. génér.}\,(\Delta^\mu y_x),$$

(*) Observez que M. le comte Laplace cite ce soi-disant perfectionnement de l'Algorithmie, après et à côté de ceux de Descartes, Newton et Leibnitz, comme formant autant d'époques dans la science (*page* 7, *Théor. des probabil.*).

en admettant l'exposant μ comme positif et comme négatif. Mais, pour peu qu'on réfléchisse sur la déduction de ces différentes règles, on comprend qu'elles ne sont possibles que précisément parceque, par la nature même des différences, on a

$$\Delta^{-\mu}(y_x) = \Sigma^{\mu}(y_x);$$

ainsi, loin d'expliquer cette dernière analogie entre les exposans des différences et ceux des puissances, les règles dont il s'agit ne sont elles-mêmes possibles que par cette analogie. On en sentira mieux la vérité en observant que la règle fondamentale (2), et par conséquent les règles particulières (3) et (4) ne sont que des propositions identiques : en effet, ce que signifient les deux membres *fonc. génér.* $(\Delta^m y_x)$ et *fonc. génér.* $(\Sigma^m y_x)$ des propositions (3) et (4), est identiquement ce que signifient les deux membres correspondans $u\left(\frac{1}{t}-1\right)^{+m}$ et $u\left(\frac{1}{t}-1\right)^{-m}$ de ces mêmes propositions ; donc, les deux propositions (3) et (4) ne présentent que le FAIT de l'analogie en question, et nullement le PRINCIPE même de son explication (*),

(*) Le principe de l'analogie entre les exposans des différences et ceux des puissances, consiste dans la CONCEPTION GÉNÉRALE elle-même des fonctions nommées différences, et spécialement dans la forme de la construction algorithmique de cette conception, savoir :

1°.) Pour les différences suivant la voie progressive,

$$\Delta^{\mu}\varphi x = (-1)^{\mu} \cdot \left\{\varphi x - \frac{\mu}{1} \cdot \varphi(x+\Delta x) + \frac{\mu(\mu-1)}{1 \cdot 2} \cdot \varphi(x+2\Delta x) - \text{etc.}\right\};$$

2°.) Pour les différences suivant la voie régressive,

$$\Delta^{\mu}\varphi x = (+1)^{\mu} \cdot \left\{\varphi x - \frac{\mu}{1} \cdot \varphi(x-\Delta x) + \frac{\mu(\mu-1)}{1 \cdot 2} \cdot \varphi(x-2\Delta x) - \text{etc.}\right\};$$

φx désignant une fonction quelconque de x. En effet, nous avons donné, dans la Philoc'est-à-dire que ces deux propositions ne sont elles-mêmes possibles que par l'analogie qui a lieu entre les exposans des puisssances et ceux des différences. — Ainsi, la circonstance principale de la Theorie des fonctions génératrices, consistant à donner l'explication de l'analogie entre les puissances et les différences, n'est visiblement d'aucun prix ; et quand on réfléchit sur l'évidence avec laquelle l'identité se trouve impliquée dans les propositions fondamentales (2), (3) et (4) de cette théorie, on ne conçoit même pas comment M. le comte Laplace a pu se tromper au point d'y voir cette explication.

Nous conclurons donc, en résumé, qu'aucune des PARTIES CONSTITUANTES de la théorie de M. le comte Laplace, savoir, ni le PRINCIPE PREMIER (la conception), ni la LOI FONDAMENTALE, ni enfin les CIRCONSTANCES IMMÉDIATES, ne donnent, à ce procédé algorithmique, le rang d'une branche primitive ou fondamentale de l'Algorithmie, comme cet auteur voudrait le faire croire. — Voyons maintenant quelle est la valeur des RÉSULTATS (formules) auxquels conduit le procédé dont il est question.

Déterminons d'abord la forme sous laquelle peuvent se présenter les différens résultats que donne la Théorie des fonctions génératrices. — En désignant par v la fonction génératrice de y_x, la règle fondamentale (2) donnera

$$v \cdot \frac{1}{t^i} = \textit{fonc. génér.}\ (y_{x+i}),$$

sophie des Mathématiques (page 33 et suivantes), la déduction de ces expressions algorithmiques, pour les cas de μ positif et de μ négatif, et CELA PAR LE MOYEN DE LA CONCEPTION ELLE-MÊME DES FONCTIONS NOMMÉES DIFFÉRENCES ; ce qui prouve que ces formules, prises dans les deux cas, de μ positif et de μ négatif, sont immédiatement les expressions algorithmiques de la conception générale elle-même des fonctions dites différences. — Dans cette déduction, on néglige la considération des constantes qu'il faut ajouter lorsque l'exposant μ est négatif, parceque cette considération n'est qu'accessoire.

i étant un nombre entier quelconque. Mais en considérant la fonction $v \cdot \frac{1}{t^i}$ comme étant la fonction u de la règle particulière (5), cette règle donnera

$$v \cdot \frac{1}{t^i}\left(\frac{1}{t} - 1\right)^n = fonc.\ génér.\ \Delta^n (y_{x+i}),$$

n étant un nombre entier, positif ou négatif; et considérant de nouveau la fonction $v \cdot \frac{1}{t^i}\left(\frac{1}{t} - 1\right)^n$ comme étant la fonction u de la règle fondamentale (2), cette dernière règle donnera ... (6)

$$v \cdot \frac{1}{t^i}\left(\frac{1}{t} - 1\right)^n \cdot \left(k_0 + \frac{k_1}{t} + \frac{k_2}{t^2} \dots + \frac{k_\omega}{t^\omega}\right)^m = fonc.\ génér.\ \nabla^m \Delta^n (y_{x+i}).$$

m étant un nombre entier quelconque.

C'est la règle fondamentale (2) prise dans toute la complication dont elle est susceptible immédiatement par elle-même. — Ainsi, vu l'esprit de la Théorie des fonctions génératrices, cette théorie, considérée dans toute sa généralité, ne peut évidemment autre chose que conduire au développement d'une fonction $\nabla^m \Delta^n (y_{x+i})$ au moyen d'autres fonctions ayant la forme $\nabla^\mu \Delta^\nu (y_{x+\rho})$, les quantités μ, ν et ρ étant différentes des quantités m, n et i, et elle ne peut visiblement y parvenir qu'en développant au préalable la fonction

$$\frac{1}{t^i} \cdot \left(\frac{1}{t} - 1\right)^n \cdot \left(k_0 + \frac{k_1}{t} + \frac{k_2}{t^2} \dots + \frac{k_\omega}{t^\omega}\right)^m,$$

par rapport à d'autres fonctions ayant la forme

$$\frac{1}{t^\rho} \cdot \left(\frac{1}{t} - 1\right)^\nu \cdot \left(b_0 + \frac{b_1}{t} + \frac{b_2}{t^2} \dots + \frac{b_\zeta}{t^\zeta}\right)^\mu,$$

b_0, b_1, b_2, ... b_ζ étant des quantités quelconques. En effet, si l'on fait ... (7)

$$z = \frac{1}{t^r}.\left(\frac{1}{t} - 1\right)^q.\left(b_0 + \frac{b_1}{t} + \frac{b_2}{t^2} \ldots + \frac{b_\zeta}{t^\zeta}\right)^p,$$

p, q et r étant des quantités différentes de m, n et i; et si, de plus, on désigne par R_0, R_1, R_2, R_3, etc. les coefficiens du développement préalable dont nous venons de parler, ce développement, procédant suivant les puissances de z, sera ... (8)

$$\frac{1}{t^i}.\left(\frac{1}{t} - 1\right)^n.\left(k_0 + \frac{k_1}{t} + \frac{k_2}{t^2} \ldots + \frac{k_\omega}{t^\omega}\right)^m =$$
$$= R_0 + R_1.z + R_2.z^2 + R_3.z^3 + \text{etc.};$$

de manière que, multipliant les deux membres de cette égalité par la fonction génératrice v, si, en vertu de la règle fondamentale composée (6), on passe des fonctions génératrices aux coefficiens, on obtiendra ... (9)

$$\nabla_x^m \Delta^n f(x+i) = R_0.fx + R_1.\nabla_\beta^p \Delta^q f(x+r) + R_2.\nabla_\beta^{2p} \Delta^{2q} f(x+2r)$$
$$+ R_3.\nabla_\beta^{3p} \Delta^{3q} f(x+3r) + \text{etc.};$$

en désignant ici par fx la fonction y_x, et par les caractéristiques ∇_x et ∇_β ce que donnent respectivement les règles

$$v.\left(k_0 + \frac{k_1}{t} + \frac{k_2}{t^2} \ldots + \frac{k_\omega}{t^\omega}\right) = \textit{fonc. génér. } \nabla_x fx,$$

$$v.\left(b_0 + \frac{b_1}{t} + \frac{b_2}{t^2} \ldots + \frac{b_\zeta}{t^\zeta}\right) = \textit{fonc. génér. } \nabla_\beta fx.$$

Quant aux coefficiens R_0, R_1, R_2, etc., on pourra, par notre loi des séries, s'assurer facilement que, lorsque p ou q seront des nombres positifs, comme cela est nécessaire pour la possibilité générale du développement préalable (8), les coefficiens R_0, R_1, R_2, etc. seront des fonctions de m, n et i, construites de la manière que voici ... (10)

$$R_0 = A,$$
$$R_1 = B + Cm + Dn + Ei,$$
$$R_2 = F + Gm + Hn + Ii + Km^2 + Ln^2 + Mi^2 +$$
$$+ Nmn + Omi + Pni,$$
etc., etc.;

les quantités A, B, C, D, etc. ne pouvant plus contenir les quantités m, n, i que comme exposans de puissances.

Telle (9) est donc la FORME GÉNÉRALE des résultats qu'on peut obtenir par le Calcul des fonctions génératrices; et c'est là évidemment le domaine entier soumis à ce calcul.

Or, pour peu qu'on examine cette forme générale (9), on s'aperçoit bientôt qu'elle ne présente une véritable GÉNÉRATION ALGORITHMIQUE que par rapport à la quantité i; et que, par rapport aux quantités m et n, elle ne présente rien autre qu'une simple TRANSFORMATION ALGORITHMIQUE. En effet, lorsque les trois nombres m, n, i sont des nombres entiers, les deux membres de l'égalité que forme l'expression générale (9), sont absolument identiques; et cela, d'abord, en vertu de l'identité qui, dans le cas où m, n et i sont des nombres entiers, se trouve évidemment entre les deux membres de l'égalité (8) formant le développement préalable, et, ensuite, en vertu de l'identité qui, dans le même cas, se trouve, ainsi que nous l'avons déja remarqué, entre les deux membres de l'égalité (6) formant la règle sur laquelle se fonde la transition de l'expression (8) à l'expression (9). Donc, dans le cas dont il s'agit, savoir, lorsque m, n et i sont des nombres entiers, la forme générale (9) en question, ne présente qu'une simple TRANSFORMATION ALGORITHMIQUE. Mais la nature des caractéristiques Δ et ∇, est telle que l'expression $\nabla_x^m \Delta^n f(x+i)$ qui constitue le premier membre de l'expression (9), n'a par elle-même aucune, absolument aucune signification, lorsque les nombres m et n ne sont pas des nombres entiers; ainsi, la forme générale (9) des résultats que peut donner le Calcul des fonctions génératrices, ne présente, par rapport aux quantités m et n, autre chose qu'une simple transformation algorithmique. Il n'en est pas de même par rapport à la quantité i: cette quantité peut être fractionnaire, transcendante, ou même idéale (imaginaire), et l'expression $\nabla_x^m \Delta^n \mathit{f}(x+i)$, constituant le premier membre de l'expression générale (9), a toujours une signification claire et déterminée. Mais aussi alors, les deux membres formant l'égalité (8), ne sont plus identiques; et, de plus, la règle fondamentale (6) cesse d'avoir aucune signification, règle qui est une expression d'identité, et qui, comme nous l'avons déja dit, sert de principe à la transition de l'expression (8) à l'expression (9). Ainsi, dans le cas où i est un nombre fractionnaire, incommensurable, ou même idéal (imaginaire), les nombres m et n étant d'ailleurs des nombres entiers, les deux membres de la forme générale (9) ne sont nullement identiques; et par conséquent, le second de ces deux membres est une espèce particulière ou différente de génération de la quantité que constitue le premier membre. Donc, dans ce cas, cette forme générale (9) des résultats que peut donner le Calcul des fonctions génératrices, présente une véritable GÉNÉRATION ALGORITHMIQUE (*).

Il s'ensuit immédiatement que les résultats qu'on peut obtenir par le Calcul des fonctions génératrices, forment deux classes distinctes:

(*) Pour bien comprendre cette distinction entre une simple TRANSFORMATION et une véritable GÉNÉRATION algorithmique, il faut se rappeler ce que, dans le second des Mémoires composant la *Réfutation de la Théorie des fonctions analytiques*, nous avons dit sur la nature des deux espèces possibles de générations algorithmiques, la génération THÉORIQUE et la génération TECHNIQUE. On verra alors facilement que lorsque, dans l'expression (9), i n'est pas un nombre entier, m et n étant d'ailleurs des nombres entiers, le premier des deux membres de cette expression présente une génération théorique, et le second présente une génération technique de la quantité donnée par la première génération; et, dans ce cas, ces deux membres sont essentiellement différens, ou ne sont nullement identiques: ce qui fait qu'alors l'expression (9) présente toute

les uns, dépendant des quantités m et n dans la forme générale (9) de ces résultats, ne sont que de simples TRANSFORMATIONS ALGORITHMIQUES; les seconds, dépendant de la quantité i, présentent une véritable GÉNÉRATION ALGORITHMIQUE. Or, la première classe de ces résultats, en les considérant comme procédés algorithmiques, est notoirement d'une trop petite importance dans l'Algorithmie, pour qu'elle mérite une attention particulière, et par conséquent, pour qu'on lui assigne un rang dans la science: toute transformation algorithmique, lorsqu'elle ne constitue pas une loi fondamentale, ne peut servir qu'indirectement, à défaut de procédés directs; et, hormis le cas d'une loi fondamentale, elle ne peut servir à éclairer la science, parceque, comme simple transformation, elle ne peut apprendre rien de nouveau. Ce n'est donc que par la seconde classe de résultats, classe éminemment utile, que le Calcul des fonctions génératrices pourrait prétendre à un rang dans la science.

---

autre chose qu'une simple transformation algorithmique. Voici un exemple de cette distinction. — Le développement

$$\frac{1}{t^i} = 1 + i.\left(\frac{1}{t} - 1\right) + \frac{i(i-1)}{1.2}.\left(\frac{1}{t} - 1\right)^2 + \frac{i(i-1)(i-2)}{1.2.3}.\left(\frac{1}{t} - 1\right)^3 + \text{etc.},$$

n'est qu'une TRANSFORMATION algorithmique lorsque i est un nombre entier et positif, car alors les deux membres de ce développement sont parfaitement identiques; et il présente une véritable GÉNÉRATION algorithmique lorsque i est un nombre entier négatif ou lorsque i n'est pas un nombre entier, car alors ces deux membres ne sont nullement identiques: dans ce dernier cas, le second membre, savoir, $1 + i.\left(\frac{1}{t} - 1\right) + \frac{i(i-1)}{1.2}.\left(\frac{1}{t} - 1\right)^2 + \text{etc.}$, forme une génération distincte ou différente de celle que forme le premier membre, savoir, $\frac{1}{t^i}$.

Il faut remarquer que, dans cet examen de l'expression (9), nous ne tenons pas compte des nombres p, q et r, parceque nous les supposons conformes aux argumens que nous alléguons.

En conséquence, pour apprécier le rang scientifique de ce Calcul, au moyen de ses résultats, nous négligerons ici entièrement la considération de la première des deux classes de ces résultats, que nous venons de distinguer; et nous nous attacherons exclusivement à la seconde de ces deux classes, qui seule pourrait lui procurer le rang dont il est question (*). Et, pour donner plus de précision à nos expressions, nous qualifierons dorénavant du nom de *résultats-secondaires* la première classe de résultats, dont nous négligerons la considération, et du nom de *résultats-primaires* la seconde classe de résultats, à la considération de laquelle nous nous attacherons exclusivement.

Faisant donc $m = 0$, et $n = 0$, dans la forme générale (9) des résultats du Calcul des fonctions génératrices, cette forme se réduira à celle-ci . . . (11)

$$f(x+i) = R_0 . fx + R_1 . \nabla_\beta^p \Delta^q f(x+r) + R_2 . \nabla_\beta^{2p} \Delta^{2q} f(x+2r) +$$
$$+ R_3 . \nabla_\beta^{3p} \Delta^{3q} f(x+3r) + \text{etc.};$$

les coefficiens R_0, R_1, R_2, etc. n'étant plus, d'après (10), que des fonctions de i construites de la manière que voici . . . (12)

$$R_0 = a$$
$$R_1 = b + ci$$
$$R_2 = d + ei + fi^2$$
$$R_3 = g + hi + ki^2 + li^3$$
$$\text{etc.},$$

fonctions dans lesquelles les quantités a, b, c, d, etc. ne peuvent plus contenir i que comme exposant de puissances.

(*) Pour compléter cette Critique de la Théorie des fonctions génératrices, nous joignons, à cet ouvrage, un Supplément où nous examinons la première des deux classes de résultats, dont il s'agit ici.

Telle (11) est donc évidemment la forme générale des résultats-primaires du Calcul des fonctions génératrices. Telle est au moins la FORME PRINCIPALE de ces résultats : toutes les formules qu'on peut obtenir par ce Calcul, sont nécessairement comprises sous cette forme.

Mais, en observant que lorsqu'on a $\nabla^p_\beta \Delta^q f(x+r) = 0$, on a en même tems

$$\nabla^{2p}_\beta \Delta^{2q} f(x+2r) = 0, \quad \nabla^{3p}_\beta \Delta^{3q} f(x+3r) = 0, \quad \text{etc.},$$

et que la forme (11) se réduit alors à $f(x+i) = R_0 . fx$, on voit que, dans le cas où $x = 0$, on aurait ... (13)

$$f(i) = R_0 . f(0),$$

ce qui n'est point généralement exact ; car, la valeur $\nabla^p_\beta \Delta^q f(x+r) = 0$ que nous venons de supposer avoir lieu dans la forme (11), peut donner, pour la fonction $f(i)$, une forme

$$f(i) = P_0 . f(0) + P_1 . f(1) + P_2 . f(2) \ldots + P_{q+\zeta p-1} . f(q+\zeta p-1),$$

$f(0)$, $f(1)$, $f(2)$, etc. étant $(q+\zeta p-1)$ constantes arbitraires, et P_0, P_1, P_2, etc. autant de fonctions de i. — Pour éviter ce défaut, peut-être sans en être conscient, l'auteur du Calcul des fonctions génératrices est obligé de joindre, à la règle fondamentale (2) ou à l'opération principale de ce Calcul, une opération accessoire, tout-à-fait étrangère, qui apporte une complication dans la forme principale (11) des résultats du Calcul dont il s'agit, complication qui devient ainsi une FORME ACCESSOIRE de ces résultats. — La voici.

Avant de procéder au développement préalable (8), faisons les préparations suivantes. — D'abord, construisons avec la quantité t une fonction arbitraire y de la forme ... (14)

$$y = a_0 + \frac{a_1}{t} + \frac{a_2}{t^2} + \frac{a_3}{t^3} \ldots + \frac{a_\upsilon}{t^\upsilon};$$

$a_0, a_1, a_2, \ldots a_v$ étant des quantités quelconques. Ensuite, prenons la fonction qu'il s'agit de développer préalablement, savoir,

$$\frac{1}{t^i}\cdot\left(\frac{1}{t}-1\right)^n\cdot\left(k_0+\frac{k_1}{t}+\frac{k_2}{t^2}\cdots+\frac{k_\omega}{t^\omega}\right)^m,$$

fonction qui, suivant nos restrictions en faisant $m=0$ et $n=0$, se réduit à $\frac{1}{t^i}$; et transformons cette fonction en plusieurs autres d'après la forme ... (15)

$$\frac{1}{t^i}=Z_0+yZ_1+y^2Z_2+y^3Z_3\cdots+y^{q+\zeta p-1}Z_{q+\zeta p-1},$$

$Z_0, Z_1, Z_2, \ldots Z_{q+\zeta p-1}$ étant des fonctions de la quantité z donnée par l'expression (7), savoir,

$$z=\frac{1}{t^r}\cdot\left(\frac{1}{t}-1\right)^q\cdot\left(b_0+\frac{b_1}{t}+\frac{b_2}{t^2}\cdots+\frac{b_\zeta}{t^\zeta}\right)^p,$$

quantité par rapport aux puissances de laquelle doit avoir lieu le développement préalable (8). — Maintenant, ces préparations étant faites, développons les fonctions Z_0, Z_1, Z_2 etc., par rapport aux puissances de z, savoir,

$$\begin{aligned}
Z_0 &= A_0 + A'_0.z + A''_0.z^2 + A'''_0.z^3 + \text{etc.},\\
Z_1 &= A_1 + A'_1.z + A''_1.z^2 + A'''_1.z^3 + \text{etc.},\\
Z_2 &= A_2 + A'_2.z + A''_2.z^2 + A'''_2.z^3 + \text{etc.},\\
&\text{etc., etc.,}
\end{aligned}$$

A_0, A_1, A_2, etc. étant les coefficiens respectifs de ces développemens; et, substituant ces valeurs dans l'expression (15), nous obtiendrons pour le développement préalable dont il est question, l'expression ... (16)

$$\frac{1}{t^i} = A_0 + A'_0 . z + A''_0 . z^2 + A'''_0 . z^3 + \text{etc.}$$
$$+ A_1 y + A'_1 . yz + A''_1 . yz^2 + A'''_1 . yz^3 + \text{etc.}$$
$$+ A_2 y^2 + A'_2 . y^2 z + A''_2 . y^2 z^2 + A'''_2 . y^2 z^3 + \text{etc.}$$
$$+ \text{etc.}, \text{etc.}$$

Quant aux coefficiens A_0, A'_0, A''_0, etc. A_1, A'_1. A''_1, etc., etc., on peut s'assurer ici, comme plus haut (10), que, lorsque p ou q sont des nombres positifs, ainsi que cela est nécessaire pour la possibilité du développement précédent, ces coefficiens sont des fonctions de i, construites généralement, pour un indice quelconque μ, de la manière suivante :

$$A_\mu = a_\mu$$
$$A'_\mu = b_\mu + c_\mu . i$$
$$A''_\mu = d_\mu + e_\mu . i + f_\mu . i^2$$
$$A'''_\mu = g_\mu + h_\mu . i + k_\mu . i^2 + l_\mu . i^3$$
$$\text{etc.}, \text{etc.};$$

les quantités a_μ, b_μ, c_μ, d_μ, etc. ne pouvant plus contenir la quantité i, que comme exposant de puissances.

Par le moyen de ce développement préalable (16), la forme définitive des résultats-primaires du Caleul des fonctions génératrices, recevra une complication qui y introduira une forme accessoire. En effet, considérant toujours v comme étant la fonction génératrice de fx, si, après avoir multiplié par v les deux membres de l'égalité précédente (16), on passe des fonctions génératrices aux coefficiens, en vertu d'une règle analogue à la règle composée (6), on obtiendra l'expression ... (17)

$$
\begin{aligned}
f(x+i) = {} & A_0 . fx + A'_0 . \nabla^p_\beta \Delta^q f(x+r) + A''_0 . \nabla^{2p}_\beta \Delta^{2q} f(x+2r) + \text{etc.} \\
& + A_1 . \nabla_\alpha fx + A'_1 . \nabla_\alpha \nabla^p_\beta \Delta^q f(x+r) + A''_1 . \nabla_\alpha \nabla^{2p}_\beta \Delta^{2q} f(x+2r) + \text{etc.} \\
& + A_2 . \nabla^2_\alpha fx + A'_2 . \nabla^2_\alpha \nabla^p_\beta \Delta^q f(x+r) + A''_2 . \nabla^2_\alpha \nabla^{2p}_\beta \Delta^{2q} f(x+2r) + \text{etc.} \\
& \cdots\cdots\cdots\cdots\cdots\cdots\cdots\cdots \\
& + A_\varpi . \nabla^\varpi_\alpha fx + A'_\varpi . \nabla^\varpi_\alpha \nabla^p_\beta \Delta^q f(x+r) + A''_\varpi . \nabla^\varpi_\alpha \nabla^{2p}_\beta \Delta^{2q} f(x+2r) + \text{etc.};
\end{aligned}
$$

l'indice ϖ étant égal à $(q + \zeta p - 1)$, et la caractéristique ∇_α désignant ce que donne, suivant la règle fondamentale (2), la règle particulière

$$v . \left(a_0 + \frac{a_1}{t} + \frac{a_2}{t^2} \ldots + \frac{a_v}{t^v} \right) = \textit{fonc. génér.}\ (\nabla_\alpha fx).$$

Et effectivement l'expression (17) que l'on vient d'obtenir, présente, à côté de la forme principale ou dominante que donne l'expression (11), une forme accessoire consistant dans la pluralité des séries qui composent ce résultat général, et dépendant de la transformation subsidiaire (15) de la fonction $\frac{1}{t^i}$; et c'est là la FORME ACCESSOIRE des résultats-primaires que peut donner le Calcul des fonctions génératrices. — Aussi, sous cette forme combinée (17), le défaut que nous avons remarqué ci-dessus dans l'expression (13), se trouve-t-il visiblement éludé; car, dans le cas où l'on aurait $\nabla^p_\beta \Delta^q f(x+r) = 0$, et par conséquent $\nabla^a_\alpha \nabla^{bp}_\beta \Delta^{cq} f(x+dr) = 0$, les quantités a, b, c, d étant des nombres entiers quelconques, l'expression (17), en y faisant de plus $x = 0$, deviendrait

$$f(i) = A_0 . f(0) + A_1 . \nabla_\alpha f(0) + A_2 . \nabla^2_\alpha f(0) \ldots + A_{q+\zeta p-1} . \nabla^{q+\zeta p-1}_\alpha f(0),$$

et se trouverait conforme à l'expression requise que nous avons remarquée plus haut, en observant ici que les quantités $f(0)$, $\nabla_\alpha f(0)$, $\nabla^2_\alpha f(0)$, ... $\nabla^{q+\zeta p-1}_\alpha f(0)$ sont autant de constantes arbitraires.

Telle (17) est donc définitivement la FORME GÉNÉRALE, contenant la forme principale et la forme accessoire, des résultats-primaires que peut donner le Calcul des fonctions génératrices ; et c'est là évidemment, d'après ce que nous avons dit plus haut sur la véritable génération algorithmique, le domaine soumis à ce Calcul, qui pourrait lui donner un rang dans la science.

Nous allons maintenant faire connaître, d'abord, une formule qui embrasse, comme cas particulier, la forme principale (9) des résultats dont il s'agit, et qui, par conséquent, constitue le vrai principe de cette forme de développement ; et ensuite, le procédé fondamental de la transformation (15) de laquelle dépend la forme accessoire des résultats en question, procédé qui, par conséquent, constitue, à son tour, le vrai principe de cette forme accessoire. Alors, en appréciant ces principes respectifs des résultats-primaires qu'on peut obtenir par le moyen du Calcul des fonctions génératrices, nous connaîtrons par là même ce que valent, dans l'Algorithmie, ces résultats eux-mêmes, et par conséquent le Calcul qui peut les donner ; connaissance qui est l'objet que nous nous sommes proposé en dernier lieu.

Soit $\psi(y, z)$ une fonction quelconque de deux quantités y et z. Donnons successivement à z les valeurs particulières 1, 2, 3, 4, ... jusqu'à y, en supposant que y est un nombre entier ; et formons, avec ces déterminations particulières de la fonction $\psi(y, z)$, les sommes des puissances que voici ... (18)

$$p(y)_1 = \psi(y, 1) + \psi(y, 2) + \psi(y, 3) \ldots + \psi(y, y)$$
$$p(y)_2 = \psi^2(y, 1) + \psi^2(y, 2) + \psi^2(y, 3) \ldots + \psi^2(y, y)$$
$$p(y)_3 = \psi^3(y, 1) + \psi^3(y, 2) + \psi^3(y, 3) \ldots + \psi^3(y, y)$$
$$\cdots\cdots\cdots\cdots\cdots\cdots$$
$$p(y)_\varpi = \psi^\varpi(y, 1) + \psi^\varpi(y, 2) + \psi^\varpi(y, 3) \ldots + \psi^\varpi(y, y);$$

en désignant par $p(y)_1$, $p(y)_2$, $p(y)_3$, etc., ou généralement par $p(y)_\varpi$, ces sommes de puissances. Formons de plus, avec ces sommes, les quantités suivantes ... (19)

$$P(y)_1 = +p(y)_1$$

$$P(y)_2 = -\frac{1}{2}\{p(y)_2 - p(y)_1 \cdot P(y)_1\}$$

$$P(y)_3 = +\frac{1}{3}\{p(y)_3 - p(y)_2 \cdot P(y)_1 + p(y)_1 \cdot P(y)_2\}$$

$$P(y)_4 = -\frac{1}{4}\{p(y)_4 - p(y)_3 \cdot P(y)_1 + p(y)_2 \cdot P(y)_2 - p(y)_1 \cdot P(y)_3\}$$

etc., etc.

On voit que ces dernières quantités, savoir, $P(y)_1$, $P(y)_2$, $P(y)_3$, etc., seront les sommes des produits combinatoires des quantités $\psi(y, 1)$, $\psi(y, 2)$, $\psi(y, 3)$, ... $\psi(y, y)$, prises d'une à une, de deux à deux, de trois à trois, etc.

Formons enfin, avec les quantités (19), la suite de quantités auxiliaires ... (20)

$$Q(\mu)_1 = -P(\mu+1)_1$$
$$Q(\mu)_2 = -P(\mu+2)_2 - P(\mu+2)_1 \cdot Q(\mu)_1$$
$$Q(\mu)_3 = -P(\mu+3)_3 - P(\mu+3)_2 \cdot Q(\mu)_1 - P(\mu+3)_1 \cdot Q(\mu)_2$$
$$Q(\mu)_4 = -P(\mu+4)_4 - P(\mu+4)_3 \cdot Q(\mu)_1 - P(\mu+4)_2 \cdot Q(\mu)_2 - P(\mu+4)_1 \cdot Q(\mu)_3$$
$$\cdots\cdots\cdots\cdots\cdots\cdots\cdots\cdots$$
$$Q(\mu)_\nu = -P(\mu+\nu)_\nu - P(\mu+\nu)_{\nu-1} \cdot Q(\mu)_1 - P(\mu+\nu)_{\nu-2} \cdot Q(\mu)_2 \cdots$$
$$\cdots - P(\mu+\nu)_2 \cdot Q(\mu)_{\nu-2} - P(\mu+\nu)_1 \cdot Q(\mu)_{\nu-1};$$

μ étant un nombre entier quelconque, y compris zéro, et ν un indice quelconque.

Soit maintenant $F(x+i)$ une fonction de la somme des quantités x et i; et soit, de plus, φi une fonction arbitraire de la quantité i.

Formons d'abord, avec ces fonctions, la suite nouvelle de quantités auxiliaires ... (21)

$$z_0 = F(x+i),$$

$$z_1 = \frac{1}{d(\varphi i)} \cdot \Big(M(1)_0 - N(1)_0\Big) \cdot dF(x+i),$$

$$z_2 = \frac{1}{d^2(\varphi i)^2} \cdot \Big\{\Big(M(2)_0 - N(2)_0\Big) \cdot d^2F(x+i) -$$
$$- \Big(M(2)_1 - N(2)_1\Big) \cdot dF(x+i)\Big\},$$

$$z_3 = \frac{1}{d^3(\varphi i)^3} \cdot \Big\{\Big(M(3)_0 - N(3)_0\Big) \cdot d^3F(x+i) -$$
$$- \Big(M(3)_1 - N(3)_1\Big) \cdot d^2F(x+i) +$$
$$+ \Big(M(3)_2 - N(3)_2\Big) \cdot dF(x+i)\Big\},$$

etc., et en général, pour un indice quelconque μ,

$$z_\mu = \frac{1}{d^\mu(\varphi i)^\mu} \cdot \Big\{\Big(M(\mu)_0 - N(\mu)_0\Big) \cdot d^\mu F(x+i) -$$
$$- \Big(M(\mu)_1 - N(\mu)_1\Big) \cdot d^{\mu-1} F(x+i) +$$
$$+ \Big(M(\mu)_2 - N(\mu)_2\Big) \cdot d^{\mu-2} F(x+i) -$$
$$- \Big(M(\mu)_3 - N(\mu)_3\Big) \cdot d^{\mu-3} F(x+i) + \text{etc.}\Big\};$$

les différentielles étant prises par rapport à la variable i, et les quantités $M(\mu)_0$, $M(\mu)_1$, $M(\mu)_2$, etc. et $N(\mu)_0$, $N(\mu)_1$, $N(\mu)_2$, etc. étant celles que nous avons données, sous la marque (6), dans la *Réfutation de la Théorie des fonctions analytiques*, en y substituant i pour x, et en y faisant $\xi = \frac{1}{\infty} = di$, c'est-à-dire, en y considérant les facultés comme de simples puissances, et les différences comme des différentielles; mais il faut remarqner que nous désignons ici par $M(\mu)_0$, $M(\mu)$, $M(\mu)_2$, etc. et par $N(\mu)_0$, $N(\mu)_1$, $N(\mu)_2$, etc., les quantités qui, dans les formules (6) de l'ouvrage cité, sont désignées respectivement par M_μ, $M_{\mu-1}$, $M_{\mu-2}$, etc. et par N_μ, $N_{\mu-1}$, $N_{\mu-2}$, etc. (*). Substituons ensuite, dans les quantités z_0, z_1, z_2, etc., après y avoir pris les différentielles, à la place de la variable i, la quantité donnée, pour cette variable, par la relation $\varphi i = 0$; et désignons cette détermination des quantités (21) par un point placé au-dessus de la lettre z, savoir, $\dot{z}_0$, $\dot{z}_1$, $\dot{z}_2$, etc. Dans ce cas particulier, les quantités M et N, données par les formules (6) de la *Réfutation de la Théorie des fonctions analytiques*, recevront les expressions plus simples que voici: ... (22)

$$M(\mu)_0 = 1,$$

$$M(\mu)_1 = \frac{d^\mu(\varphi i)^{\mu-1}}{1^{(\mu-1)|1} \cdot (d\varphi i)^{\mu-1}},$$

$$M(\mu)_2 = \frac{d^\mu(\varphi i)^{\mu-1} \cdot d^{\mu-1}(\varphi i)^{\mu-2}}{1^{(\mu-1)|1} \cdot 1^{(\mu-2)|1} \cdot (d\varphi i)^{2\mu-1-2}},$$

$$M(\mu)_3 = \frac{d^\mu(\varphi i)^{\mu-1} \cdot d^{\mu-1}(\varphi i)^{\mu-2} \cdot d^{\mu-2}(\varphi i)^{\mu-3}}{1^{(\mu-1)|1} \cdot 1^{(\mu-2)|1} \cdot 1^{(\mu-3)|1} \cdot (d\varphi i)^{3\mu-1-2-3}},$$

$$M(\mu)_4 = \frac{d^\mu(\varphi i)^{\mu-1} \cdot d^{\mu-1}(\varphi i)^{\mu-2} \cdot d^{\mu-2}(\varphi i)^{\mu-3} \cdot d^{\mu-3}(\varphi i)^{\mu-4}}{1^{(\mu-1)|1} \cdot 1^{(\mu-2)|1} \cdot 1^{(\mu-3)|1} \cdot 1^{(\mu-4)|1} \cdot (d\varphi i)^{4\mu-1-2-3-4}},$$

etc., etc.;

(*) Pour éviter l'équivoque que pourrait présenter la notation M_μ, $M_{\mu-1}$, $M_{\mu-2}$, etc., et N_μ, $N_{\mu-1}$, $N_{\mu-2}$, etc., que nous avons employée dans les formules (5), (6) et (16) de la *Réfutation de la Théorie des fonctions analytiques*, nous prions le lecteur de changer, dans ces formules, M_μ en $M(\mu)_0$, $M_{\mu-1}$ en $M(\mu)_1$, $M_{\mu-2}$ en $M(\mu)_2$, etc., de même N_μ en $N(\mu)_0$, $N_{\mu-1}$ en $N(\mu)_1$, $N_{\mu-2}$ en $N(\mu)_2$, etc., et en général $M_{\mu-\nu}$ en $M(\mu)_\nu$, et $N_{\mu-\nu}$ en $N(\mu)_\nu$.

$$N(\mu)_0 = 0, \qquad N(\mu)_1 = 0,$$

$$N(\mu)_2 = \frac{d^\mu(\varphi i)^{\mu-2}}{1^{(\mu-2)|1}\,.\,(d\varphi i)^{\mu-2}},$$

$$N(\mu)_3 = \frac{d^\mu(\varphi i)^{\mu-2}\,.\,d^{\mu-2}(\varphi i)^{\mu-3}}{1^{(\mu-2)|1}\,.\,1^{(\mu-3)|1}\,.\,(d\varphi i)^{2\mu-2-3}} +$$

$$+ \frac{d^\mu(\varphi i)^{\mu-1}\,.\,d^{\mu-1}(\varphi i)^{\mu-3}}{1^{(\mu-1)|1}\,.\,1^{(\mu-3)|1}\,.\,(d\varphi i)^{2\mu-1-3}},$$

$$N(\mu)_4 = \frac{d^\mu(\varphi i)^{\mu-2}\,.\,d^{\mu-2}(\varphi i)^{\mu-3}\,.\,d^{\mu-3}(\varphi i)^{\mu-4}}{1^{(\mu-2)|1}\,.\,1^{(\mu-3)|1}\,.\,1^{(\mu-4)|1}\,.\,(d\varphi i)^{3\mu-2-3-4}} +$$

$$+ \frac{d^\mu(\varphi i)^{\mu-1}\,.\,d^{\mu-1}(\varphi i)^{\mu-3}\,.\,d^{\mu-3}(\varphi i)^{\mu-4}}{1^{(\mu-1)|1}\,.\,1^{(\mu-3)|1}\,.\,1^{(\mu-4)|1}\,.\,(d\varphi i)^{3\mu-1-3-4}} +$$

$$+ \frac{d^\mu(\varphi i)^{\mu-1}\,.\,d^{\mu-1}(\varphi i)^{\mu-2}\,.\,d^{\mu-2}(\varphi i)^{\mu-4}}{1^{(\mu-1)|1}\,.\,1^{(\mu-2)|1}\,.\,1^{(\mu-4)|1}\,.\,(d\varphi i)^{3\mu-1-2-4}},$$

etc., etc.

Ayant ainsi formé les quantités auxiliaires Q et z, par le moyen des formules (20) et (21), on construira définitivement, avec elles, la suite de quantités .... (23)

$$A_0 = \dot{z}_0 + Q(0)_1\,.\,\dot{z}_1 + Q(0)_2\,.\,\dot{z}_2 + Q(0)_3\,.\,\dot{z}_3 + \text{etc.},$$
$$A_1 = \dot{z}_1 + Q(1)_1\,.\,\dot{z}_2 + Q(1)_2\,.\,\dot{z}_3 + Q(1)_3\,.\,\dot{z}_4 + \text{etc.},$$
$$A_2 = \dot{z}_2 + Q(2)_1\,.\,\dot{z}_3 + Q(2)_2\,.\,\dot{z}_4 + Q(2)_3\,.\,\dot{z}_5 + \text{etc.},$$
$$\dots\dots\dots\dots\dots\dots$$
$$A_\mu = \dot{z}_\mu + Q(\mu)_1\,.\,\dot{z}_{\mu+1} + Q(\mu)_2\,.\,\dot{z}_{\mu+2} + Q(\mu)_3\,.\,\dot{z}_{\mu+3} + \text{etc.};$$

μ représentant successivement tous les nombres entiers jusqu'à l'infini.

Or, prenant pour mesure algorithmique de la fonction $F(x+i)$, les fonctions Ω_1, Ω_2, Ω_3, Ω_4, etc. formées de la manière suivante ... (24)

$$\Omega_1 = (\psi(1,1) + \varphi i)$$
$$\Omega_2 = (\psi(2,1) + \varphi i)(\psi(2,2) + \varphi i)$$
$$\Omega_3 = (\psi(3,1) + \varphi i)(\psi(3,2) + \varphi i)(\psi(3,3) + \varphi i)$$
$$\Omega_4 = (\psi(4,1) + \varphi i)(\psi(4,2) + \varphi i)(\psi(4,3) + \varphi i)(\psi(4,4) + \varphi i)$$
$$\ldots\ldots\ldots\ldots\ldots\ldots\ldots\ldots$$
$$\Omega_\mu = (\psi(\mu,1) + \varphi i)(\psi(\mu,2) + \varphi i)(\psi(\mu,3) + \varphi i)\ldots\ldots(\psi(\mu,\mu) + \varphi i);$$

les quantités $\psi(1,1)$, $\psi(2,1)$, $\psi(2,2)$, $\psi(3,1)$, $\psi(3,2)$, etc. étant visiblement des déterminations particulières de la fonction générale $\psi(y,z)$, déterminations dont sont formées les quantités (20); on aura . . . . . . (25)

$$F(x+i) = A_0 + A_1 . \Omega_1 + A_2 . \Omega_2 + A_3 . \Omega_3 + A_4 . \Omega_4 + \text{etc.},$$

les coefficiens A_0, A_1, A_2, A_3, etc. étant donnés par les expressions précédentes (23).

Telle est la formule qui, déja dans l'état de sa plus grande simplicité, savoir, lorsque $\varphi i = i$, embrasse, comme un cas très particulier, tous les résultats-primaires du Calcul des fonctions génératrices: elle constitue le véritable principe de ces résultats; et, en nous donnant la légitimation de leur possibilité, elle nous fera connaître, en même tems, la vraie signification du Calcul dont il est question. — Mais, avant d'indiquer, par ce moyen, la déduction de la possibilité des résultats qui nous occupent, nous devons recommander aux géomètres la formule générale (25) que nous venons de présenter: elle est une des plus importantes de l'Algorithmie, non seulement par sa simplicité et par son étendue, mais surtout par son extrême fécondité; ainsi qu'on le verra dans la Technie de l'Algorithmie. Nous nous bornerons ici à faire distinguer un cas particulier très remarquable: c'est celui lorsque la fonction $\psi(y,z)$ dont les déterminations entrent dans la construction des quantités Ω_1, Ω_2, Ω_3, etc., est considérée comme n'étant fonction que de la seule variable z, c'est-à-dire (*), lorsqu'on a

$$\psi(1,1) = \psi(2,1) = \psi(3,1) = \psi(4,1) = \text{etc.},$$
$$\psi(2,2) = \psi(3,2) = \psi(4,2) = \psi(5,2) = \text{etc.},$$
$$\psi(3,3) = \psi(4,3) = \psi(5,3) = \psi(6,3) = \text{etc.},$$

etc., ou généralement

$$\psi(\varpi,\varpi) = \psi(\varpi+1,\varpi) = \psi(\varpi+2,\varpi) = \text{etc.} = \psi(\varpi+\pi,\varpi),$$

quels que soient les nombres entiers ϖ et π. — Dans ce cas, en désignant par n_1, n_2, n_3, etc., les valeurs particulières $\psi(y,1)$, $\psi(y,2)$, $\psi(y,3)$, etc. de la fonction $\psi(y,z)$ considérée comme indépendante de y, les quantités élémentaires qui entrent dans la construction des quantités $P(y)_1$, $P(y)_2$, $P(y)_3$, etc. données par les expressions (19), seront toujours n_1, n_2, n_3, etc., quelle que soit la valeur de y; de sorte que, si l'on désigne de plus par $(n_1 \dots n_\omega)_m$ la somme des combinaisons des quantités n_1, n_2, n_3, ... n_ω, prises de m à m, sans permutations, on aura en général

$$P(\mu+\nu)_\rho = (n_1 \dots n_{\mu+\nu})_\rho;$$

(*) Il faut ici remarquer que, pour employer la formule (25), il n'est point nécessaire de connaître la fonction générale $\psi(y,z)$ dont les déterminations entrent dans la construction des quantités Ω_1, Ω_2, Ω_3, etc. (24) : il suffit de connaître ces déterminations particulières, savoir, $\psi(1,1)$, $\psi(2,1)$, $\psi(2,2)$, $\psi(3,1)$, $\psi(3,2)$, etc., quelles qu'elles puissent être. — Il faut aussi remarquer que si, dans la formule (25), on fait $x = 0$, elle donnera immédiatement le développement d'une fonction quelconque $F(i)$ d'une quantité i : nous avons présenté cette formule pour le cas d'une fonction $F(x+i)$, pour laisser entrevoir, de loin, le système immense des principes de la formule très particulière connue sous le nom impropre de *théorème de Taylor*, qui, à l'époque de la publication de notre Philosophie des Mathématiques, était la dernière limite de la science.

et substituant les valeurs que donne cette formule, dans les expressions (20), il viendra

$$Q(\mu)_1 = -(n_1 \ldots n_{\mu+1})_1$$
$$Q(\mu)_2 = -(n_1 \ldots n_{\mu+2})_2 - (n_1 \ldots n_{\mu+2})_1 \cdot Q(\mu)_1$$
$$Q(\mu)_3 = -(n_1 \ldots n_{\mu+3})_3 - (n_1 \ldots n_{\mu+3})_2 \cdot Q(\mu)_1 - (n_1 \ldots n_{\mu+3})_1 \cdot Q(\mu)_2$$
$$Q(\mu)_4 = -(n_1 \ldots n_{\mu+4})_4 - (n_1 \ldots n_{\mu+4})_3 \cdot Q(\mu)_1 - (n_1 \ldots n_{\mu+4})_2 \cdot Q(\mu)_2 - \\ - (n_1 \ldots n_{\mu+4})_1 \cdot Q(\mu)_3$$

etc., etc.

Or, en comparant ces formules avec l'expression générale des fonctions alephs, que nous avons présentée, sous la marque $(de)''$, dans la Philosophie des Mathématiques (page 144), on trouvera que

$$Q(\mu)_1 = -\aleph[N_{\mu+1}]^1$$
$$Q(\mu)_2 = +\aleph[N_{\mu+1}]^2$$
$$Q(\mu)_3 = -\aleph[N_{\mu+1}]^3$$
$$\cdots\cdots\cdots$$
$$Q(\mu)_\nu = (-1)^\nu \cdot \aleph[N_{\mu+1}]^\nu,$$

en désignant, suivant notre usage, par N_ω la somme $(n_1 + n_2 + n_3 \ldots + n_\omega)$ des élémens des fonctions alephs. — Ainsi, dans le cas particulier dont il s'agit, les expressions (23) des coefficiens A_0, A_1, A_2, etc. de notre formule générale (25), seront simplement . . . (26)

$$A_0 = \dot{z}_0 - \aleph[N_1]^1 \cdot \dot{z}_1 + \aleph[N_1]^2 \cdot \dot{z}_2 - \aleph[N_1]^3 \cdot \dot{z}_3 + \text{etc.}$$
$$A_1 = \dot{z}_1 - \aleph[N_2]^1 \cdot \dot{z}_2 + \aleph[N_2]^2 \cdot \dot{z}_3 - \aleph[N_2]^3 \cdot \dot{z}_4 + \text{etc.}$$
$$A_2 = \dot{z}_2 - \aleph[N_3]^1 \cdot \dot{z}_3 + \aleph[N_3]^2 \cdot \dot{z}_4 - \aleph[N_3]^3 \cdot \dot{z}_5 + \text{etc.}$$
$$\cdots\cdots\cdots$$
$$A_\mu = \dot{z}_\mu - \aleph[N_\mu]^1 \cdot \dot{z}_{\mu+1} + \aleph[N_\mu]^2 \cdot \dot{z}_{\mu+2} - \aleph[N_\mu]^3 \cdot \dot{z}_{\mu+3} + \text{etc.},$$

les quantités $\dot{z}_0$, $\dot{z}_1$, $\dot{z}_2$, etc. ayant toujours les valeurs données par les expressions (21), et déterminées en y substituant pour i, après les différentiations, la quantité que donne, pour cette variable, la relation $\varphi i = 0$. De plus, dans ce cas, les quantités Ω_1, Ω_2, Ω_3, etc. (24), formant la mesure algorithmique, seront ... (27)

$$\begin{aligned}
\Omega_1 &= (n_1 + \varphi i) \\
\Omega_2 &= (n_1 + \varphi i)(n_2 + \varphi i) \\
\Omega_3 &= (n_1 + \varphi i)(n_2 + \varphi i)(n_3 + \varphi i) \\
\Omega_4 &= (n_1 + \varphi i)(n_2 + \varphi i)(n_3 + \varphi i)(n_4 + \varphi i) \\
&\text{etc., etc.}
\end{aligned}$$

Donc, dans le cas particulier dont il est question, la formule générale (25) donnera le développement remarquable ... (28)

$$\begin{aligned}
F(x+i) = A_0 &+ A_1.(n_1 + \varphi i) \\
&+ A_2.(n_1 + \varphi i)(n_2 + \varphi i) \\
&+ A_3.(n_1 + \varphi i)(n_2 + \varphi i)(n_3 + \varphi i) \\
&+ \text{etc., etc.};
\end{aligned}$$

φi étant une fonction arbitraire de la variable i, les quantités n_1, n_2, n_3, etc. étant aussi arbitraires, et les coefficiens A_0, A_1, A_2, etc. étant donnés par les expressions (26). — Dans le cas le plus simple où la fonction arbitraire φi est i, tout le système des quantités M et N données par les expressions (22), à l'exception de la quantité $M(\mu)_0$ qui est toujours égale à l'unité, sera égal à zéro; de sorte qu'alors les expressions (21) des quantités $\dot{z}_0$, $\dot{z}_1$, $\dot{z}_2$, etc., en y faisant d'ailleurs $i = 0$, se réduiront à celles-ci ... (29)

$$\dot{z}_0 = Fx, \quad \dot{z}_1 = \left(\frac{dFx}{dx}\right), \quad \dot{z}_2 = \frac{1}{2}\left(\frac{d^2Fx}{dx^2}\right), \quad \dot{z}_3 = \frac{1}{2.3}\left(\frac{d^3Fx}{dx^3}\right),$$

etc., et en général à

$$\dot{z}_\mu = \frac{1}{1^{\mu|1}} . \left(\frac{d^\mu Fx}{dx^\mu}\right).$$

Dans ce cas, les expressions (26) deviendront ... (30)

$$A_0 = Fx - \aleph[N_1]^1 \cdot \left(\frac{dFx}{dx}\right) + \frac{1}{2} \cdot \aleph[N_1]^2 \cdot \left(\frac{d^2Fx}{dx^2}\right) - \text{etc.},$$

$$A_1 = \left(\frac{dFx}{dx}\right) - \frac{1}{2} \cdot \aleph[N_2]^1 \cdot \left(\frac{d^2Fx}{dx^2}\right) + \frac{1}{2.3} \cdot \aleph[N_2]^2 \cdot \left(\frac{d^3Fx}{dx^3}\right) - \text{etc.},$$

$$A_2 = \frac{1}{2} \cdot \left(\frac{d^2Fx}{dx^2}\right) - \frac{1}{2.3} \cdot \aleph[N_3]^1 \cdot \left(\frac{d^3Fx}{dx^3}\right) + \frac{1}{2.3.4} \cdot \aleph[N_3]^2 \cdot \left(\frac{d^4Fx}{dx^4}\right) - \text{etc.},$$

$$A_3 = \frac{1}{2.3} \cdot \left(\frac{d^3Fx}{dx^3}\right) - \frac{1}{2.3.4} \cdot \aleph[N_4]^1 \cdot \left(\frac{d^4Fx}{dx^4}\right) + \frac{1}{2.3.4.5} \cdot \aleph[N_4]^2 \cdot \left(\frac{d^5Fx}{dx^5}\right) - \text{etc.},$$

etc., etc.;

et tels seront les coefficiens très remarquables du développement ... (31)

$$\begin{aligned} F(x+i) = A_0 &+ A_1 \cdot (n_1 + i) \\ &+ A_2 \cdot (n_1 + i)(n_2 + i) \\ &+ A_3 \cdot (n_1 + i)(n_2 + i)(n_3 + i) \\ &+ \text{etc., etc.} \end{aligned}$$

Revenons maintenant à notre objet, c'est-à-dire, à la formule générale (25) de laquelle nous devons déduire la possibilité des résultats-primaires du Calcul des fonctions génératrices, pour pouvoir apprécier la signification scientifique de ce Calcul. — Nous avons annoncé que, déja dans sa plus grande simplicité, c'est-à-dire, lorsque $\varphi i = i$, notre formule générale (25) embrasse, comme un cas très particulier, tous les résultats-primaires du Calcul des fonctions génératrices, et même que, dans cet état, elle constitue le véritable principe de ces résultats. Voyons le fait.

Lorsque, dans la formule générale (25), la fonction arbitraire φi est simplement i, les quantités Ω_1, Ω_2, Ω_3, etc. (24), formant la mesure algorithmique, sont ... (32)

$$\Omega_1 = \big(\psi(1,1)+i\big) = P(1)_1 + i,$$
$$\Omega_2 = \big(\psi(2,1)+i\big)\big(\psi(2,2)+i\big) = P(2)_2 + P(2)_1 . i + i^2,$$
$$\Omega_3 = \big(\psi(3,1)+i\big)\big(\psi(3,2)+i\big)\big(\psi(3,3)+i\big) =$$
$$= P(3)_3 + P(3)_2 . i + P(3)_1 . i^2 + i^3,$$
$$\Omega_4 = \big(\psi(4,1)+i\big)\big(\psi(4,2)+i\big)\big(\psi(4,3)+i\big)\big(\psi(4,4)+i\big) =$$
$$= P(4)_4 + P(4)_3 . i + P(4)_2 . i^2 + P(4)_1 . i^3 + i^4,$$

etc., etc.;

en observant d'ailleurs, comme plus haut, que les quantités $P(1)_1$; $P(2)_1$, $P(2)_2$; $P(3)_1$, $P(3)_2$, $P(3)_3$; etc., données par les expressions (19), sont les sommes des produits combinatoires des quantités $\psi(1, 1)$; $\psi(2, 1)$, $\psi(2, 2)$; $\psi(3, 1)$, $\psi(3, 2)$, $\psi(3, 3)$; etc. Or, dans ce cas, la formule génerale (25) donnera le développement particulier

.... (33)

$$\begin{aligned} F(x+i) = A_0 &+ A_1 . \big(P(1)_1 + i\big) \\ &+ A_2 . \big(P(2)_2 + P(2)_1 . i + i^2\big) \\ &+ A_3 . \big(P(3)_3 + P(3)_2 . i + P(3)_1 . i^2 + i^3\big) \\ &+ \text{etc., etc.}; \end{aligned}$$

développement qui, considéré par rapport à sa mesure algorithmique, présente visiblement la forme que ci-dessus, sous la marque (11), nous avons reconnue pour la FORME PRINCIPALE des résultats-primaires du Calcul des fonctions génératrices. Il ne reste donc qu'à voir si les coefficiens A_0, A_1, A_2, etc., du développement précédent, constituent des fonctions telles que sont les fonctions $f(x+\rho)$, $\Delta^\nu f(x+\rho)$, $\nabla^\mu \Delta^\nu f(x+\rho)$, etc., qui entrent dans la FORME GÉNÉRALE (17) des résultats dont il est question. — Pour le faire, déterminons d'abord l'expression des fonctions $f(x+\rho)$, $\Delta^\nu f(x+\rho)$, $\nabla^\mu \Delta^\nu f(x+\rho)$, etc., qu'il s'agit de reconnaître dans ces coefficiens.

Formons la quantité générale ... (34)

$$S(p,q) = \frac{n^{0|1}.m^{q|-1}}{1^{0|1}} + \frac{n^{1|1}.(m+1)^{q|-1}}{1^{1|1}} + \frac{n^{2|1}.(m+2)^{q|-1}}{1^{2|1}} + \frac{n^{3|1}.(m+3)^{q|-1}}{1^{3|1}} \dots$$

$$\dots + \frac{n^{p|1}.(m+p)^{q|-1}}{1^{p|1}},$$

p et q étant des nombres entiers quelconques ; et, donnant successivement à q les déterminations particulières 0, 1, 2, 3, etc., formons, avec les quantités correspondantes $S(p,0)$, $S(p,1)$, $S(p,2)$, etc., cette autre quantité générale ... (35)

$$T(m,p) = \frac{(-1)^m}{1^{(m+p)|1}} \cdot \Big\{ S(p,0) \, . \, 0^{m+p} - \frac{1}{1} \, . \, S(p,1) \, . \, 1^{m+p} +$$

$$+ \frac{1}{1.2} \, . \, S(p,2) \, . \, 2^{m+p} - \frac{1}{1.2.3} \, . \, S(p,3) \, . \, 3^{m+p} + \text{etc.} \Big\}.$$

Alors, en désignant par ξ l'accroissement de la variable x d'une fonction Φx, la différence de l'ordre m, prise suivant la voie progressive sur la fonction $\Phi(x-n\xi)$, n étant une quantité quelconque, aura pour expression générale ... (36)

$$\Delta^m \Phi(x-n\xi) = \xi^m \, . \, \Big\{ T(m,0) \, . \left(\frac{d^m \Phi x}{dx^m}\right) + \xi \, . \, T(m,1) \, . \left(\frac{d^{m+1} \Phi x}{dx^{m+1}}\right) +$$

$$+ \xi^2 \, . \, T(m,2) \, . \left(\frac{d^{m+2} \Phi x}{dx^{m+2}}\right) + \xi^3 \, . \, T(m,3) \, . \left(\frac{d^{m+3} \Phi x}{dx^{m+3}}\right) + \text{etc.} \Big\} \; (*).$$

Or, suivant la notation adoptée plus haut, si l'on fait

$$\Delta_\beta fx = b_0 . fx + b_1 . f(x+1) + b_2 . f(x+2) \dots + b_\zeta . f(x+\zeta),$$

(*) Voyez, dans le Supplément, la démonstration de cette formule.

la quantité $\nabla_\beta^p \Delta^q fx$, dans laquelle p et q sont des nombres entiers et positifs, aura la forme ... (37)

$$\nabla_\beta^p \Delta^q fx = B_0 . \Delta^q fx + B_1 . \Delta^q f(x+1) + B_2 . \Delta^q f(x+2) \ldots\ldots$$
$$\ldots + B_{\zeta p} . \Delta^q f(x+\zeta p);$$

les coefficiens B_0, B_1, B_2, ... $B_{\zeta p}$ étant des fonctions des quantités données b_0, b_1, b_2, ... b_ζ. Ces fonctions peuvent être déterminées facilement, suivant la génération successive des quantités $\nabla_\beta^2 fx$, $\nabla_\beta^3 fx$, etc.; et l'on trouvera, pour un indice quelconque ϖ, l'expression ... (37)'

$$B_\varpi = 1^{p|1} . A \left\{ \frac{b_0^{\rho_0} . b_1^{\rho_1} . b_2^{\rho_2} \ldots b_\zeta^{\rho_\zeta}}{1^{\rho_0|1} . 1^{\rho_1|1} . 1^{\rho_2|1} \ldots 1^{\rho_\zeta|1}} \right\},$$

A dénotant l'agrégat des termes correspondans à toutes les valeurs entières des quantités ρ_0, ρ_1, ρ_2, ... ρ_ζ données par les équations

$$\rho_0 + \rho_1 + \rho_2 \ldots + \rho_\zeta = p$$
$$\rho_1 + 2 . \rho_2 + 3 . \rho_3 \ldots + \zeta . \rho_\zeta = \varpi.$$

Il faut remarquer ici que, si on développe les différences $\Delta^q fx$, $\Delta^q f(x+1)$, etc., considérées comme étant prises, suivant la voie progressive, par rapport à la variable x et pour un accroissement égal à l'unité, l'expression (37) devient ... (38)

$$\nabla_\beta^p \Delta^q fx = C_0 . fx + C_1 . f(x+1) + C_2 . f(x+2) \ldots\ldots$$
$$\ldots + C_{\zeta p+q} . f(x+\zeta p+q),$$

en faisant ... (38)'

$$C_0 = (-1)^q . B_0$$
$$C_1 = (-1)^q . \left(B_1 - \frac{q}{1} . B_0\right)$$

$$C_2 = (-1)^q \cdot \left(B_2 - \frac{q}{1} \cdot B_1 + \frac{q(q-1)}{1.2} \cdot B_0\right)$$

$$C_3 = (-1)^q \cdot \left(B_3 - \frac{q}{1} \cdot B_2 + \frac{q(q-1)}{1.2} \cdot B_1 - \frac{q(q-1)(q-2)}{1.2.3} \cdot B_0\right)$$

. . . .

$$C_{\zeta p+q} = (-1)^q \cdot \left(B_{\zeta p+q} - \frac{q}{1} \cdot B_{\zeta p+q-1} + \frac{q(q-1)}{1.2} \cdot B_{\zeta p+q-2} \ldots\ldots \right.$$

$$\left. \ldots (-1)^{\zeta p+q} \cdot \frac{q^{(\zeta p+q)|-1}}{1^{(\zeta p+q)|1}} \cdot B_0\right),$$

et en observant d'ailleurs que celles des quantités B_0, B_1, B_2, etc. dont les indices surpassent ζp, sont zéro ; de sorte qu'alors l'expression (38) présente la forme des quantités que nous dénotons par ∇, et nommément que, si l'on fait $\zeta p + q = \omega$, nous aurons ... (39)

$$\nabla fx = C_0 \cdot fx + C_1 \cdot f(x+1) + C_2 \cdot f(x+2) \ldots + C_\omega \cdot f(x+\omega).$$

Nous nous en tiendrons donc à la fonction précédente ∇fx; et, dans toute la suite de la question présente, nous emploierons la fonction ∇fx à la place de la fonction $\nabla^p_\beta \Delta^q fx$ que nous restituerons, à la fin, dans les résultats que nous obtiendrons.

Maintenant, si, avec la fonction adoptée ∇fx, on forme une nouvelle fonction ∇, telle qu'est

$$\nabla_\alpha(\nabla fx) = a_0 \cdot \nabla fx + a_1 \cdot \nabla f(x+1) + a_2 \cdot \nabla f(x+2) \ldots + a_\upsilon \cdot \nabla f(x+\upsilon),$$

a_0, a_1, a_2, ... a_υ étant des quantités données; on aura, pour la fonction générale $\nabla^m_\alpha(\nabla^\mu fx)$, l'expression ... (40)

$$\nabla^m_\alpha \nabla^\mu fx = D_0 \cdot \nabla^\mu fx + D_1 \cdot \nabla^\mu f(x+1) + D_2 \cdot \nabla^\mu f(x+2) \ldots$$

$$\ldots D_{\upsilon m} \cdot \nabla^\mu f(x+\upsilon m),$$

les coefficiens D_0, D_1, D_2, etc., ayant, pour un indice quelconque ϖ, l'expression ... (40)'

$$D_\varpi = 1^{m|1} . A \left\{ \frac{a_0^{\rho_0} . a_1^{\rho_1} . a_2^{\rho_2} \dots a_\upsilon^{\rho_\upsilon}}{1^{\rho_0|1} . 1^{\rho_1|1} . 1^{\rho_2|1} \dots 1^{\rho_\upsilon|1}} \right\},$$

dans laquelle A désigne toujours l'agrégat des termes correspondans à toutes les valeurs entières des quantités ρ_0, ρ_1, ρ_2, ... ρ_υ données par les équations

$$\rho_0 + \rho_1 + \rho_2 \dots + \rho_\upsilon = m$$
$$\rho_1 + 2 . \rho_2 + 3 . \rho_3 \dots + \upsilon . \rho_\upsilon = \varpi.$$

De plus, si on développe les fonctions $\nabla^\mu fx$ par rapport aux fonctions simples ∇fx, on trouvera ... (41)

$$\nabla^\mu fx = E_0 . \nabla fx + E_1 . \nabla f(x+1) + E_2 . \nabla f(x+2) \dots$$
$$\dots + E_{\omega(\mu-1)} . \nabla f(x + \omega(\mu - 1));$$

les coefficiens E_0, E_1, E_2, etc. ayant généralement, pour l'indice ϖ, l'expression ... (41)'

$$E_\varpi = 1^{(\mu-1)|1} . A \left\{ \frac{C_0^{\rho_0} . C_1^{\rho_1} . C_2^{\rho_2} \dots C_\omega^{\rho_\omega}}{1^{\rho_0|1} . 1^{\rho_1|1} . 1^{\rho_2|1} \dots 1^{\rho_\omega|1}} \right\};$$

dans laquelle l'agrégat A correspond aux valeurs entières des quantités ρ_0, ρ_1, ρ_2, ... ρ_ω données ici par les équations

$$\rho_0 + \rho_1 + \rho_2 \dots + \rho_\omega = \mu - 1$$
$$\rho_1 + 2 . \rho_2 + 3 . \rho_3 \dots + \omega . \rho_\omega = \varpi.$$

Donc, si l'on substitue dans l'expression (40) le développement précédent de la fonction $\nabla^\mu fx$, et si l'on suppose que la variable x reçoive l'accroissement r_μ, l'expression (40) deviendra ... (42)

$$\nabla_\alpha^m \nabla^\mu f(x+r_\mu) = G_0 . \nabla f(x+r_\mu) + G_1 . \nabla f(x+r_\mu+1) + G_2 . \nabla f(x+r_\mu+2)$$
$$\ldots\ldots + G_{\upsilon m+\omega(\mu-1)} . \nabla f(x+r_\mu+\upsilon m+\omega(\mu-1)),$$

en faisant ... (42)'

$$G_0 = D_0 E_0$$
$$G_1 = D_0 E_1 + D_1 E_0$$
$$G_2 = D_0 E_2 + D_1 E_1 + D_2 E_0$$
$$G_3 = D_0 E_3 + D_1 E_2 + D_2 E_1 + D_3 E_0$$
$$\ldots\ldots\ldots\ldots\ldots\ldots\ldots\ldots$$
$$G_{\upsilon m+\omega(\mu-1)} = D_0 . E_{\upsilon m+\omega(\mu-1)} + D_1 . E_{\upsilon m+\omega(\mu-1)-1} + D_2 . E_{\upsilon m+\omega(\mu-1)-2} \ldots$$
$$\ldots . + D_{\upsilon m+\omega(\mu-1)} . E_0,$$

et en observant d'ailleurs que celles des quantités D_0, D_1, D_2, etc. dont les indices surpassent υm, et celles des quantités E_0, E_1, E_2, etc. dont les indices surpassent $\omega(\mu-1)$, sont zéro.

Enfin, prenant la quantité $\nabla_\alpha^m \nabla^\mu f(x+r_\mu)$, et donnant successivement à l'exposant m de cette fonction, ω déterminations différentes que nous désignerons par $m1, m2, m3, \ldots m\omega$; si, avec ces quantités, on forme une fonction linéaire ou d'une dimension, que nous dénoterons par $[\nabla_\alpha^m \nabla^\mu f(x+r_\mu)]_\omega$, en prenant d'ailleurs sur cette fonction la différence de l'ordre s, c'est-à-dire, si l'on forme la quantité ... (43)

$$\Delta^s[\nabla_\alpha^m \nabla^\mu f(x+r_\mu)]_\omega = \Delta^s \left\{ h_1^{(\mu)} . \nabla_\alpha^{m1} \nabla^\mu f(x+r_\mu) + h_2^{(\mu)} . \nabla_\alpha^{m2} \nabla^\mu f(x+r_\mu) + \right.$$
$$\left. + h_3^{(\mu)} . \nabla_\alpha^{m3} \nabla^\mu f(x+r_\mu) \ldots + h_\omega^{(\mu)} . \nabla_\alpha^{m\omega} \nabla^\mu f(x+r_\mu) \right\},$$

dans laquelle les coefficiens $h_1^{(\mu)}$, $h_2^{(\mu)}$, $h_3^{(\mu)}$, ... $h_\omega^{(\mu)}$ sont ω quantités indéterminées; et si, après y avoir développé les fonctions $\nabla_\alpha^{m1} \nabla^\mu f(x+r_\mu)$, $\nabla_\alpha^{m2} \nabla^\mu f(x+r_\mu)$, $\nabla_\alpha^{m3} \nabla^\mu f(x+r_\mu)$, etc., par le moyen de l'expression générale (42), on substitue, à la place des différences $\Delta^s \nabla f(x+r_\mu)$, $\Delta^s \nabla f(x+r_\mu+1)$, $\Delta^s \nabla f(x+r_\mu+2)$, etc., leurs valeurs données par l'expression générale (36); on obtiendra définitivement, pour la construction de la quantité (43) en question, la forme générale ... (44)

$$\Delta^s[\nabla_\alpha^m \nabla^\mu f(x+r_\mu)]_\omega = H_0^{(\mu)} \cdot \nabla fx + H_1^{(\mu)} \cdot \left(\frac{d\nabla fx}{dx}\right) +$$
$$+ H_2^{(\mu)} \cdot \left(\frac{d^2\nabla fx}{dx^2}\right) + H_3^{(\mu)} \cdot \left(\frac{d^3\nabla fx}{dx^3}\right) + \text{etc., etc.};$$

dans laquelle les coefficiens $H_0^{(\mu)}$, $H_1^{(\mu)}$, $H_2^{(\mu)}$, etc., indépendans de la fonction fx, seront déterminés par le concours des trois expressions (43), (42) et (36), et seront visiblement des fonctions linéaires des ω quantités indéterminées $h_1^{(\mu)}$, $h_2^{(\mu)}$, $h_3^{(\mu)}$, ... $h_\omega^{(\mu)}$.

Or, c'est cette forme générale (44) qu'il reste à reconnaître dans les coefficiens A_0, A_1, A_2, etc. du développement (33), pour reconnaître définitivement que ce développement constitue le véritable principe des résultats-primaires du Calcul des fonctions génératrices.

Pour y parvenir, rappelons-nous que, lorsque la fonction arbitraire φi de notre loi (25) est simplement i, comme c'est le cas du développement (33), les expressions (21) des quantités z_0, z_1, z_2, etc., qui entrent dans les coefficiens dont il est question, en y faisant d'ailleurs $i=0$, se réduisent aux expressions (29), savoir,

$$\dot{z}_0 = Fx, \quad \dot{z}_1 = \frac{1}{1} \cdot \left(\frac{dFx}{dx}\right), \quad \dot{z}_2 = \frac{1}{1.2} \cdot \left(\frac{d^2Fx}{dx^2}\right), \quad \text{etc.,}$$

et généralement

$$\dot{z}_\mu = \frac{1}{1^{\mu|1}} \cdot \left(\frac{d^\mu Fx}{dx^\mu}\right).$$

Ainsi, en substituant ces valeurs dans les expressions générales (23), nous aurons ... (45)

$$A_0 = Fx + \frac{1}{1}.Q(0)_1.\left(\frac{dFx}{dx}\right) + \frac{1}{1.2}.Q(0)_2.\left(\frac{d^2Fx}{dx^2}\right) + \text{etc.},$$

$$A_1 = \frac{1}{1}.\left(\frac{dFx}{dx}\right) + \frac{1}{1.2}.Q(1)_1.\left(\frac{d^2Fx}{dx^2}\right) + \frac{1}{1.2.3}.Q(1)_2.\left(\frac{d^3Fx}{dx^3}\right) + \text{etc.},$$

$$A_2 = \frac{1}{1.2}.\left(\frac{d^2Fx}{dx^2}\right) + \frac{1}{1.2.3}.Q(2)_1.\left(\frac{d^3Fx}{dx^3}\right) + \frac{1}{1.2.3.4}.Q(2)_2.\left(\frac{d^4Fx}{dx^4}\right) + \text{etc.},$$

. . . .

$$A_\mu = \frac{1}{1^{\mu|1}}.\left(\frac{d^\mu Fx}{dx^\mu}\right) + \frac{1}{1^{(\mu+1)|1}}.Q(\mu)_1.\left(\frac{d^{\mu+1}Fx}{dx^{\mu+1}}\right) + \frac{1}{1^{(\mu+2)|1}}.Q(\mu)_2.\left(\frac{d^{\mu+2}Fx}{dx^{\mu+2}}\right)$$
$$+ \frac{1}{1^{(\mu+3)|1}}.Q(\mu)_3.\left(\frac{d^{\mu+3}Fx}{dx^{\mu+3}}\right) + \text{etc.};$$

et tels seront les coefficiens du développement (33) dont il s'agit, savoir, du développement

$$\begin{aligned} F(x+i) = A_0 &+ A_1.\big(P(1)_1 + i\big) \\ &+ A_2.\big(P(2)_2 + P(2)_1.i + i^2\big) \\ &+ A_3.\big(P(3)_3 + P(3)_2.i + P(3)_1.i^2 + i^3\big) \\ &+ \text{etc., etc.} \end{aligned}$$

Or, en comparant ces expressions (45) des coefficiens A_0, A_1, A_2, etc., avec la forme générale (44) des fonctions $[\nabla^m_\alpha \nabla^\mu f(x+r_\mu)]_\omega$, on découvre d'abord facilement leur analogie; et l'on prévoit que, par une construction convenable de la fonction Fx au moyen de la fonction fx, on peut ramener les expressions (45) et (44) à une parfaite identité. C'est cette construction qui achevera de faire découvrir, dans le développement précédent (33), le principe de tous les résultats primaires du Calcul des fonctions génératrices : la voici.

Si l'on prend la fonction (39), savoir,

$$\nabla fx = C_0.fx + C_1.f(x+1) + C_2.f(x+2) \ldots + C_\omega.f(x+\omega),$$

et si l'on désigne par n_1, n_2, n_3, ... n_ω les racines de l'équation

$$0 = C_0 + C_1 . n + C_2 . n^2 + C_3 . n^3 \ldots + C_\omega . n^\omega,$$

on verra, dans la suite de cet ouvrage, que la fonction fx peut être transformée de la manière suivante ... (46)

$$\begin{aligned} fx = & \; I_1 . n_1^x . \Sigma \left\{ \nabla fx . \left(\frac{1}{n_1}\right)^x \right\} \\ & + I_2 . n_2^x . \Sigma \left\{ \nabla fx . \left(\frac{1}{n_2}\right)^x \right\} \\ & + I_3 . n_3^x . \Sigma \left\{ \nabla fx . \left(\frac{1}{n_3}\right)^x \right\} \\ & \ldots\ldots\ldots\ldots \\ & + I_\omega . n_\omega^x . \Sigma \left\{ \nabla fx . \left(\frac{1}{n_\omega}\right)^x \right\}, \end{aligned}$$

I_1, I_2, I_3, ... I_ω étant des quantités indépendantes de la variable x, et Σ désignant l'intégrale prise par rapport à cette variable, pour un accroissement égal à l'unité. Ainsi, en dénotant respectivement par $F_1 x$, $F_2 x$, $F_3 x$, ... $F_\omega x$ les fonctions de x qui constituent les intégrales Σ de la transformation précédente (46), c'est-à-dire, en faisant ... (47)

$$\begin{aligned} F_1 x &= \Sigma \left\{ \nabla fx . \left(\frac{1}{n_1}\right)^x \right\} \\ F_2 x &= \Sigma \left\{ \nabla fx . \left(\frac{1}{n_2}\right)^x \right\} \\ & \ldots\ldots\ldots \\ F_\omega x &= \Sigma \left\{ \nabla fx . \left(\frac{1}{n_\omega}\right)^x \right\}, \end{aligned}$$

l'expression (46) sera ... (46)'

$$fx = I_1 . n_1^x . F_1 x + I_2 . n_2^x . F_2 x + I_3 . n_3^x . F_3 x \ldots + I_\omega . n_\omega^x . F_\omega x.$$

Or, en supposant que la variable x reçoive l'accroissement i, cette expression deviendra ... (48)

$$f(x+i) = I_1 . n_1^{x+i} . F_1(x+i) + I_2 . n_2^{x+i} . F_2(x+i) +$$
$$+ I_3 . n_3^{x+i} . F_3(x+i) \ldots + I_\omega . n_\omega^{x+i} . F_\omega(x+i);$$

et les fonctions $F_1(x+i)$, $F_2(x+i)$, $F_3(x+i)$, etc, qui sont visiblement construites au moyen de la fonction fx, seront telles qu'étant développées suivant la formule (33), les coefficiens de ces développemens présenteront des expressions identiques avec la forme générale (44) des fonctions $[\nabla_\alpha^m \nabla^\mu f(x + r_\mu)]_\omega$ dont il est question. C'est donc là le principe des résultats-primaires du Calcul des fonctions génératrices ; ainsi que nous allons le voir, en y découvrant de plus un principe bien supérieur.

D'abord, en embrassant les fonctions $F_1(x+i)$, $F_2(x+i)$, $F_3(x+i)$, etc. par la notation générale $F(x+i)$, leur développement, suivant la formule (33), sera ... (33)'

$$\begin{aligned} F(x+i) = A_0 &+ A_1 . \big(P(1)_1 + i\big) \\ &+ A_2 . \big(P(2)_2 + P(2)_1 . i + i^2\big) \\ &+ A_3 . \big(P(3)_3 + P(3)_2 . i + P(3)_1 . i^2 + i^3\big) \\ &+ \text{etc., etc.}; \end{aligned}$$

les coefficiens A_0, A_1, A_2, etc. ayant, en vertu des expressions (45), la valeur générale ... (45)'

$$A_\mu = \frac{1}{1^{\mu|1}} . \left(\frac{d^\mu Fx}{dx^\mu}\right) + \frac{1}{1^{(\mu+1)|1}} . Q(\mu)_1 . \left(\frac{d^{\mu+1} Fx}{dx^{\mu+1}}\right) +$$
$$+ \frac{1}{1^{(\mu+2)|1}} . Q(\mu)_2 . \left(\frac{d^{\mu+2} Fx}{dx^{\mu+2}}\right) + \text{etc.},$$

μ étant un indice quelconque, depuis zéro inclusivement. Ainsi, prenant la différence première de cette fonction de x, il viendra ... (49)

$$\Delta A_{\mu} = \frac{1}{1^{\mu|1}} \cdot \left(\frac{d^{\mu} \Delta Fx}{dx^{\mu}}\right) + \frac{1}{1^{(\mu+1)|1}} \cdot Q(\mu)_1 \cdot \left(\frac{d^{\mu+1} \Delta Fx}{dx^{\mu+1}}\right) +$$
$$+ \frac{1}{1^{(\mu+2)|1}} \cdot Q(\mu)_2 \cdot \left(\frac{d^{\mu+2} \Delta Fx}{dx^{\mu+2}}\right) + \text{etc.};$$

de sorte que ces différences des coefficiens A_0, A_1, A_2, etc., n'impliqueront plus les intégrales des expressions (47). Maintenant, si l'on part de ces intégrales, savoir, de

$$Fx = \Sigma \left\{\nabla fx \cdot \left(\frac{1}{n}\right)^x\right\},$$

qui donnent

$$\Delta Fx = \nabla fx \cdot \left(\frac{1}{n}\right)^x;$$

et si, en vertu de la loi générale des différentielles (*V. Philos. des Mathém.*, (1), *page* 44), on prend de la fonction précédente ∇fx, la dérivée différentielle de l'ordre m, on aura ... (50)

$$\left(\frac{d^m \Delta Fx}{dx^m}\right) = (-1)^m \cdot \left(\frac{1}{n}\right)^x \cdot \left\{\nabla fx \cdot (Ln)^m - \frac{m}{1} \cdot \left(\frac{d\nabla fx}{dx}\right) \cdot (Ln)^{m-1} +\right.$$
$$\left. + \frac{m(m-1)}{1.2} \cdot \left(\frac{d^2 \nabla fx}{dx^2}\right) \cdot (Ln)^{m-2} - \text{etc.}\right\}.$$

Donc, substituant dans l'expression (49) cette valeur des dérivées différentielles de la fonction ΔFx, on obtiendra ... (51)

$$\Delta A_{\mu} = \left(\frac{1}{n}\right)^x \cdot \left\{K(\mu)_0 \cdot \nabla fx + K(\mu)_1 \cdot \left(\frac{d\nabla fx}{dx}\right) + K(\mu)_2 \cdot \left(\frac{d^2 \nabla fx}{dx^2}\right) +\right.$$
$$\left. + K(\mu)_3 \cdot \left(\frac{d^3 \nabla fx}{dx^3}\right) + \text{etc.}\right\},$$

en faisant ... (52)

$$K(\mu)_0 = (-Ln)^{\mu}.\left\{\frac{1}{1^{\mu|1}} - \frac{Ln}{1^{(\mu+1)|1}}.Q(\mu)_1 + \frac{(Ln)^2}{1^{(\mu+2)|1}}.Q(\mu)_2 - \text{etc.}\right\}$$

$$K(\mu)_1 = \frac{(-Ln)^{\mu-1}}{1}.\left\{\frac{1}{1^{(\mu-1)|1}} - \frac{Ln}{1^{\mu|1}}.Q(\mu)_1 + \frac{(Ln)^2}{1^{(\mu+1)|1}}.Q(\mu)_2 - \text{etc.}\right\}$$

$$K(\mu)_2 = \frac{(-Ln)^{\mu-2}}{1.2}.\left\{\frac{1}{1^{(\mu-2)|1}} - \frac{Ln}{1^{(\mu-1)|1}}.Q(\mu)_1 + \frac{(Ln)^2}{1^{\mu|1}}.Q(\mu)_2 - \text{etc.}\right\}$$

$$K(\mu)_3 = \frac{(-Ln)^{\mu-3}}{1.2.3}.\left\{\frac{1}{1^{(\mu-3)|1}} - \frac{Ln}{1^{(\mu-2)|1}}.Q(\mu)_1 + \frac{(Ln)^2}{1^{(\mu-1)|1}}.Q(\mu)_2 - \text{etc.}\right\}$$

etc., etc.

Ainsi, en reprenant la fonction générale $F(x+i)$ qui embrasse les fonctions particulières $F_1(x+i)$, $F_2(x+i)$, $F_3(x+i)$, ... $F_\omega(x+i)$ contenues dans la transforformation (48) de la fonction $f(x+i)$, et en multipliant cette fonction $F(x+i)$ par le facteur général $I.n^{x+i}$ correspondant aux facteurs particuliers $I_1.n_1^{x+i}$, $I_2.n_2^{x+i}$, $I_3.n_3^{x+i}$, ... $I_\omega.n_\omega^{x+i}$ de la même transformation, le développement (33)′ donnera ... (53)

$$\begin{aligned} I.n^{x+i}.F(x+i) = X_0 &+ X_1.\big(P(1)_1 + i\big) \\ &+ X_2.\big(P(2)_2 + P(2)_1.i + i^2\big) \\ &+ X_3.\big(P(3)_3 + P(3)_2.i + P(3)_1.i^2 + i^3\big) \\ &+ \text{etc., etc.;} \end{aligned}$$

les différences premières des coefficiens X_0, X_1, X_2, etc. ayant, en vertu de l'expression (51), pour leurs valeurs, l'expression générale ... (54)

$$\Delta X_\mu = I.n^i.\left\{K(\mu)_0.\nabla fx + K(\mu)_1.\left(\frac{d\nabla fx}{dx}\right) + \right.$$
$$\left. + K(\mu)_2.\left(\frac{d^2\nabla fx}{dx^2}\right) + K(\mu)_3.\left(\frac{d^3\nabla fx}{dx^3}\right) + \text{etc., etc.}\right\},$$

μ étant toujours un indice quelconque, depuis zéro inclusivement.

Tel (53) est donc le développement du terme général de la transformation (48) de la fonction $f(x+i)$, savoir, de la transformation

$$f(x+i) = I_1 . n_1^{x+i} . F_1(x+i) + I_2 . n_2^{x+i} . F_2(x+i) +$$
$$+ I_3 . n_3^{x+i} . F_3(x+i) \ldots + I_\omega . n_\omega^{x+i} . F_\omega(x+i);$$

développement où la variable x ne se trouve plus contenue dans les coefficiens X_0, X_1, X_2, etc., que par le moyen de la fonction ∇fx et de ses dérivées différentielles. Or, telle est aussi la forme (44) du développement des fonctions dénotées plus haut par $\Delta^s[\nabla_\alpha^m \nabla^\mu f(x+r_\mu)]_\omega$; de sorte que, comme nous l'avons annoncé, les coefficiens X_0, X_1, X_2, etc. dont il est question, peuvent constituer des fonctions $[\nabla_\alpha^m \nabla^\mu f(x+r_\mu)]_\omega$. En effet, faisant $s=1$ dans l'expression générale (44), on reconnaîtra facilement la possibilité de déterminer les quantités $Q(\mu)_1$, $Q(\mu)_2$, $Q(\mu)_3$, etc. de manière à opérer l'identité ... (55)

$$X_\mu = [\nabla_\alpha^m \nabla^\mu f(x+r_\mu)]_\omega;$$

et c'est là ce que nous avons voulu reconnaître. Il est donc possible de développer la fonction $f(x+i)$ par rapport à des fonctions ayant la forme générale précédente (55); développement qui est l'objet de notre question. — Voici la détermination de toutes les parties constituantes de ce développement.

En prenant la différence première des deux membres de l'égalité (55), et en substituant, à la place de ces différences, leurs valeurs respectives données par les expressions (44) et (54), on aura ... (56)

$$0 = \left(H_0^{(\mu)} - I . n^i . K(\mu)_0\right) . \nabla fx +$$
$$+ \left(H_1^{(\mu)} - I . n^i . K(\mu)_1\right) . \left(\frac{d\nabla fx}{dx}\right) +$$
$$+ \left(H_2^{(\mu)} - I . n^i . K(\mu)_2\right) . \left(\frac{d^2\nabla fx}{dx^2}\right) +$$
$$+ \left(H_3^{(\mu)} - I . n^i . K(\mu)_3\right) . \left(\frac{d^3\nabla fx}{dx^3}\right) + \text{etc., etc.}$$

Ainsi, fx étant une fonction quelconque, il faut que ... (57)

$$H_0^{(\mu)} - I.n^i.K(\mu)_0 = 0$$
$$H_1^{(\mu)} - I.n^i.K(\mu)_1 = 0$$
$$H_2^{(\mu)} - I.n^i.K(\mu)_2 = 0$$
$$H_3^{(\mu)} - I.n^i.K(\mu)_3 = 0$$
etc., etc.

Ce sont là les équations générales qui déterminent les parties constituantes du développement de la fonction $f(x+i)$ dont il est question. — Or, pour peu qu'on examine les valeurs des quantités $K(\mu)_0$, $K(\mu)_1$, $K(\mu)_2$, etc., données par les expressions (52), on verra que les équations (57) que nous avons à traiter, présentent deux systèmes distincts : dans l'un, formé par les $(\mu+1)$ premières équations, les termes composant les quantités $K(\mu)_0$, $K(\mu)_1$, $K(\mu)_2$, etc., entrent tous dans chacune de ces équations ; dans le second, formé par les équations restantes, les termes que nous venons de nommer, disparaissent successivement dans ces dernières équations. — Considérant d'abord ce second système d'équations, si l'on y substitue les valeurs des quantités $K(\mu)_{\mu+1}$, $K(\mu)_{\mu+2}$, $K(\mu)_{\mu+3}$, etc., dont il s'agit, on aura ... (58)

$$\frac{1^{(\mu+1)|1}}{I.n^i}.H_{\mu+1}^{(\mu)} = Q(\mu)_1 - \frac{Ln}{1}.Q(\mu)_2 + \frac{(Ln)^2}{1.2}.Q(\mu)_3 - \text{etc.},$$
$$\frac{1^{(\mu+2)|1}}{I.n^i}.H_{\mu+2}^{(\mu)} = Q(\mu)_2 - \frac{Ln}{1}.Q(\mu)_3 + \frac{(Ln)^2}{1.2}.Q(\mu)_4 - \text{etc.},$$
$$\frac{1^{(\mu+3)|1}}{I.n^i}.H_{\mu+3}^{(\mu)} = Q(\mu)_3 - \frac{Ln}{1}.Q(\mu)_4 + \frac{(Ln)^2}{1.2}.Q(\mu)_5 - \text{etc.},$$
$$\frac{1^{(\mu+4)|1}}{I.n^i}.H_{\mu+4}^{(\mu)} = Q(\mu)_4 - \frac{Ln}{1}.Q(\mu)_5 + \frac{(Ln)^2}{1.2}.Q(\mu)_6 - \text{etc.},$$
etc., etc.

Ce système d'équations donnera, ainsi que nous le verrons dans la suite de cet ouvrage, la détermination des quantités $Q(\mu)_1$, $Q(\mu)_2$, $Q(\mu)_3$, etc. ; et observant que les quantités H qui entrent dans ces équations, sont des fonctions des ω quantités indéterminées $h_1^{(\mu)}, h_2^{(\mu)}, h_3^{(\mu)}, \ldots h_\omega^{(\mu)}$ de la formule (43), et nommément des fonctions linéaires de ces quantités indéterminées, on verra que les quantités $Q(\mu)_1$, $Q(\mu)_2$, $Q(\mu)_3$, etc, données par les équations précédentes, seront des fonctions de la quantité générale n, de sa puissance n^i, et des ω quantités indéterminées $h_1^{(\mu)}, h_2^{(\mu)}, h_3^{(\mu)} \ldots h_\omega^{(\mu)}$, et nommément des fonctions linéaires de ces dernières quantités. Dénotant donc ces fonctions généralement par $[n, n^i; h_1^{(\mu)}, h_2^{(\mu)}, \ldots h_\omega^{(\mu)}]^{(\mu)}$, les équations (58) donneront ... (59)

$$Q(\mu)_1 = [n, n^i; h_1^{(\mu)}, h_2^{(\mu)}, \ldots h_\omega^{(\mu)}]_1^{(\mu)}$$
$$Q(\mu)_2 = [n, n^i; h_1^{(\mu)}, h_2^{(\mu)}, \ldots h_\omega^{(\mu)}]_2^{(\mu)}$$
$$Q(\mu)_3 = [n, n^i; h_1^{(\mu)}, h_2^{(\mu)}, \ldots h_\omega^{(\mu)}]_3^{(\mu)}$$

etc., etc.

Considérons maintenant le premier des deux systèmes d'équations que présentent les équations (57), savoir, le système ... (60)

$$H_0^{(\mu)} - I.n^i.K(\mu)_0 = 0$$
$$H_1^{(\mu)} - I.n^i.K(\mu)_1 = 0$$
$$H_2^{(\mu)} - I.n^i.K(\mu)_2 = 0$$
$$\cdots\cdots\cdots\cdots$$
$$H_\mu^{(\mu)} - I.n^i.K(\mu)_\mu = 0;$$

et observons que, parmi les équations formant ce système, la dernière est la seule qui a lieu généralement pour tous les indices μ, depuis zéro jusqu'à l'infini. Prenant donc cette dernière équation, si l'on y substitue la valeur de $K(\mu)_\mu$, on aura

$$0 = 1^{\mu|1} . H_\mu^{(\mu)} - I . n^i . \left\{ 1 - \frac{Ln}{1} . Q(\mu)_1 + \frac{(Ln)^2}{1.2} . Q(\mu)_2 - \text{etc.} \right\};$$

et si, de plus, on substitue dans cette équation les valeurs de $Q(\mu)_1$, $Q(\mu)_2$, $Q(\mu)_3$, etc., données par les expressions (59), on aura l'équation générale . . . (61)

$$1 - \frac{1^{\mu|1} . H_\mu^{(\mu)}}{I . n^i} =$$

$$\frac{Ln}{1} . [n, n^i; h_1^{(\mu)}, h_2^{(\mu)}, \ldots h_\omega^{(\mu)}]_1^{(\mu)} -$$

$$\frac{(Ln)^2}{1.2} . [n, n^i; h_1^{(\mu)}, h_2^{(\mu)}, \ldots h_\omega^{(\mu)}]_2^{(\mu)} +$$

$$\frac{(Ln)^3}{1.2.3} . [n, n^i; h_1^{(\mu)}, h_2^{(\mu)}, \ldots h_\omega^{(\mu)}]_3^{(\mu)} - \text{etc., etc.}$$

Or, en donnant successivement, à la quantité générale n qui entre dans cette équation, ses ω déterminations particulières n_1, n_2, n_3, . . . n_ω, l'équation générale (61) présentera un système de ω équations ; et en observant que la quantité $H_\mu^{(\mu)}$ est une fonction linéaire des ω quantités indéterminées $h_1^{(\mu)}$, $h_2^{(\mu)}$, $h_3^{(\mu)}$, ... $h_\omega^{(\mu)}$, comme le sont aussi les fonctions dénotées par $[n, n^i; h_1^{(\mu)}, h_2^{(\mu)}, \ldots h_\omega^{(\mu)}]^{(\mu)}$, on verra que le système d'équation que présente l'équation générale (61), suffira pour déterminer complètement les quantités $h_1^{(\mu)}$, $h_2^{(\mu)}$, $h_3^{(\mu)}$, ... $h_\omega^{(\mu)}$ en question. Désignant donc généralement par $\{n_1, n_2, \ldots n_\omega; n_1^i, n_2^i, \ldots n_\omega^i\}^{(\mu)}$ la fonction que forment les quantités $h^{(\mu)}$, le système d'équations dont il s'agit, donnera . . . (62)

$$h_1^{(\mu)} = \{n_1, n_2, \ldots n_\omega; n_1^i, n_2^i, \ldots n_\omega^i\}_1^{(\mu)}$$

$$h_2^{(\mu)} = \{n_1, n_2, \ldots n_\omega; n_1^i, n_2^i, \ldots n_\omega^i\}_2^{(\mu)}$$

$$\ldots\ldots\ldots\ldots$$

$$h_\omega^{(\mu)} = \{n_1, n_2, \ldots n_\omega; n_1^i, n_2^i, \ldots n_\omega^i\}_\omega^{(\mu)}.$$

Les quantités $h_1^{(\mu)}$, $h_2^{(\mu)}$, ... $h_\omega^{(\mu)}$ se trouvant ainsi déterminées, si on les substitue dans les expressions (59) des quantités $Q(\mu)_1$, $Q(\mu)_2$, $Q(\mu)_3$, etc., ces dernières se trouveront de même complètement déterminées. Ainsi, en substituant ces valeurs des quantités $Q(\mu)_1$, $Q(\mu)_2$, $Q(\mu)_3$, etc., dans les expressions (52) des quantités $K(\mu)_0$, $K(\mu)_1$, $K(\mu)_2$ ... $K(\mu)_{\mu-1}$, et substituant ensuite les valeurs qu'on trouvera pour ces dernières quantités, dans les μ équations restantes du système d'équations (60), savoir, dans les équations ... (63)

$$H_0^{(\mu)} - I.n^i.K(\mu)_0 = 0$$

$$H_1^{(\mu)} - I.n^i.K(\mu)_1 = 0$$

$$H_2^{(\mu)} - I.n^i.K(\mu)_2 = 0$$

$$\ldots\ldots\ldots\ldots$$

$$H_{\mu-1}^{(\mu)} - I.n^i.K(\mu)_{\mu-1} = 0,$$

ces équations ne contiendront plus que des quantités entièrement déterminées; et elles formeront, pour ainsi dire, un système d'équations de conditions pour la possibilité de développer la fonction $f(x+i)$ par rapport à des fonctions ayant la forme générale (44), c'est-à-dire, par rapport à des fonctions que nous avons dénotées par $[\nabla_\alpha^m \nabla^\mu f(x+r_\mu)]_\omega$.

Or, en conservant toujours, dans les expressions (59) des quantités $Q(\mu)_1$, $Q(\mu)_2$, $Q(\mu)_3$, etc., la quantité générale n qui y entre encore, et en donnant à l'indice général μ ses déterminations particulières successives, savoir, 0, 1, 2, 3, etc. jusqu'à l'infini, les expressions (59) dont il s'agit, donneront, en fonctions de la quantité générale n, les valeurs du système des quantités ... (64)

$$Q(0)_1,\ Q(0)_2,\ Q(0)_3,\ Q(0)_4,\ \text{etc.},$$
$$Q(1)_1,\ Q(1)_2,\ Q(1)_3,\ Q(1)_4,\ \text{etc.},$$
$$Q(2)_1,\ Q(2)_2,\ Q(2)_3,\ Q(2)_4,\ \text{etc.},\ \ldots$$
$$\text{etc., etc.}$$

Mais, ces dernières quantités donnent, par le moyen des relations générales (20), la détermination des quantités $P(1)_1$, $P(2)_2$, $P(2)_1$, $P(3)_3$, $P(3)_2$, $P(3)_1$, etc. qui entrent dans le développement (53). En effet, donnant à μ des valeurs particulières depuis zéro inclusivement, les relations générales (20) fourniront les systèmes suivans d'équations ... (65)

$$(A) \ldots Q(0)_1 = - P(1)_1$$

$$(B) \ldots Q(1)_1 = - P(2)_1$$
$$Q(0)_2 = - P(2)_2 - P(2)_1 . Q(0)_1$$

$$(C) \ldots Q(2)_1 = - P(3)_1$$
$$Q(1)_2 = - P(3)_2 - P(3)_1 . Q(1)_1$$
$$Q(0)_3 = - P(3)_3 - P(3)_2 . Q(0)_1 - P(3)_1 . Q(0)_2$$

$$(D) \ldots Q(3)_1 = - P(4)_1$$
$$Q(2)_2 = - P(4)_2 - P(4)_1 . Q(2)_1$$
$$Q(1)_3 = - P(4)_3 - P(4)_2 . Q(1)_1 - P(4)_1 . Q(1)_2$$
$$Q(0)_4 = - P(4)_4 - P(4)_3 . Q(0)_1 - P(4)_2 . Q(0)_2 - P(4)_1 . Q(0)_3$$
etc., etc.;

équations qui donnent successivement les valeurs des quantités $P(1)_1$, $P(2)_1$, $P(2)_2$, $P(3)_1$, $P(3)_2$, $P(3)_3$, etc.

Donc, après avoir restitué, dans la formule (43), la notation $\nabla^p_\beta \Delta^q fx$ et par conséquent $\nabla^{\mu p}_\beta \Delta^{\mu q} fx$, à la place de la notation ∇fx et $\nabla^\mu fx$ que nous avons employée provisoirement, si on substitue, dans le développement général (53), à la place des coefficiens X_0, X_1, X_2, etc., les fonctions fixées par l'expression générale (55) ou (43), savoir, ... (66)

$$X_\mu = h_1^{(\mu)} . \nabla_\alpha^{m1} \nabla_\beta^{\mu p} \Delta^{\mu q} f(x+r_\mu) + h_2^{(\mu)} . \nabla_\alpha^{m2} \nabla_\beta^{\mu p} \Delta^{\mu q} f(x+r_\mu) +$$
$$h_3^{(\mu)} . \nabla_\alpha^{m3} \nabla_\beta^{\mu p} \Delta^{\mu q} f(x+r_\mu) \ldots . + h_\omega^{(\mu)} . \nabla_\alpha^{m\omega} \nabla_\beta^{\mu p} \Delta^{\mu q} f(x+r_\mu),$$

fonctions dans lesquelles les quantités $h_1^{(\mu)}$, $h_2^{(\mu)}$, ... $h_\omega^{(\mu)}$ sont données par les expressions (62); et si on substitue de plus, dans le même développement général (53), les valeurs des quantités $P(1)_1$, $P(2)_1$, $P(2)_2$, $P(3)_1$, $P(3)_2$, $P(3)_3$, etc., que donnent les équations précédentes (65), par suite de cette détermination des coefficiens X_0, X_1, X_2, etc.; on obtiendra, pour le terme général de la transformation (48) que peut subir la fonction $f(x+i)$, l'expression ... (67)

$$I . n^{x+i} . F(x+i) = \left[\nabla_\alpha^m \nabla_\beta^{0.p} \Delta^{0.q} f(x+r_0)\right]_\omega +$$
$$+ \left[\nabla_\alpha^m \nabla_\beta^p \Delta^q f(x+r_1)\right]_\omega . \left(P(1)_1 + i\right) +$$
$$+ \left[\nabla_\alpha^m \nabla_\beta^{2p} \Delta^{2q} f(x+r_2)\right]_\omega . \left(P(2)_2 + P(2)_1 . i + i^2\right) +$$
$$+ \left[\nabla_\alpha^m \nabla_\beta^{3p} \Delta^{3q} f(x+r_3)\right]_\omega . \left(P(3)_3 + P(3)_2 . i + P(3)_1 . i^2 + i^3\right)$$
$$+ \text{etc., etc.};$$

expression dans laquelle les quantités $P(1)_1$, $P(2)_1$, $P(2)_2$, etc. seront fonctions de la quantité générale n.

Il ne restera ainsi qu'à donner, dans cette expression générale, à la quantité n ses déterminations particulières, savoir, n_1, n_2, n_3,... n_ω, pour avoir les ω termes composant la transformation (48) de la fonction $f(x+i)$ dont il est question. Pour cela, marquons les quantités $P(1)_1$, $P(2)_1$, $P(2)_2$, etc. par un indice supérieur correspondant à l'indice inférieur des quantités n_1, n_2, n_3, etc. dont les premières se trouveront être fonctions, par suite des déterminations particulières de la quantité générale n; et nous aurons définitivement ... (68)

$f(x+i) =$

$$R_1 \cdot \nabla_\alpha^{m1} f(x+r_0) + R'_1 \cdot \nabla_\alpha^{m1} \nabla_\beta^{p} \Delta^q f(x+r_1) + R''_1 \cdot \nabla_\alpha^{m1} \nabla_\beta^{2p} \Delta^{2q} f(x+r_2) + \text{etc.} +$$

$$R_2 \cdot \nabla_\alpha^{m2} f(x+r_0) + R'_2 \cdot \nabla_\alpha^{m2} \nabla_\beta^{p} \Delta^q f(x+r_1) + R''_2 \cdot \nabla_\alpha^{m2} \nabla_\beta^{2p} \Delta^{2q} f(x+r_2) + \text{etc.} +$$

$$R_3 \cdot \nabla_\alpha^{m3} f(x+r_0) + R'_3 \cdot \nabla_\alpha^{m3} \nabla_\beta^{p} \Delta^q f(x+r_1) + R''_3 \cdot \nabla_\alpha^{m3} \nabla_\beta^{2p} \Delta^{2q} f(x+r_2) + \text{etc.} +$$

. . . .

$$R_\omega \cdot \nabla_\alpha^{m\omega} f(x+r_0) + R'_\omega \cdot \nabla_\alpha^{m\omega} \nabla_\beta^{p} \Delta^q f(x+r_1) + R''_\omega \cdot \nabla_\alpha^{m\omega} \nabla_\beta^{2p} \Delta^{2q} f(x+r_2) + \text{etc., etc.};$$

les coefficiens R_1, R_2; R_3, etc. ayant, pour un indice quelconque ρ, les valeurs . . . (69)

$$R_\rho = h_\rho^{(0)}$$

$$R'_\rho = h_\rho^{(1)} \cdot \left(U(1)_1 + i\right)$$

$$R''_\rho = h_\rho^{(2)} \cdot \left(U(2)_2 + U(2)_1 \cdot i + i^2\right)$$

$$R'''_\rho = h_\rho^{(3)} \cdot \left(U(3)_3 + U(3)_2 \cdot i + U(3)_1 \cdot i^2 + i^3\right)$$

etc., etc.,

en faisant . . . (70)

$$U(1)_1 = P(1)_1^{(1)} + P(1)_1^{(2)} + P(1)_1^{(3)} \ldots + P(1)_1^{(\omega)}$$

$$U(2)_1 = P(2)_1^{(1)} + P(2)_1^{(2)} + P(2)_1^{(3)} \ldots + P(2)_1^{(\omega)}$$

$$U(2)_2 = P(2)_2^{(1)} + P(2)_2^{(2)} + P(2)_2^{(3)} \ldots + P(2)_2^{(\omega)}$$

$$U(3)_1 = P(3)_1^{(1)} + P(3)_1^{(2)} + P(3)_1^{(3)} \ldots + P(3)_1^{(\omega)}$$

. . . .

$$U(\varpi)_\pi = P(\varpi)_\pi^{(1)} + P(\varpi)_\pi^{(2)} + P(\varpi)_\pi^{(3)} \ldots + P(\varpi)_\pi^{(\omega)},$$

ϖ et π étant deux indices quelconques.

Tel (68) est enfin le développement général d'une fonction $f(x+i)$

par rapport à des fonctions ayant la forme $f(x+\rho)$, $\Delta^{\nu} f(x+\rho)$, $\nabla^{\mu} \Delta^{\nu} f(x+\rho)$, etc.; et c'est là visiblement le PRINCIPE PREMIER DE LA POSSIBILITÉ DE L'INTERPOLATION. — Ce principe appartient à la Philosophie de la Technie de l'Algorithmie, qui doit former la seconde partie de notre Philosophie des Mathématiques : nous publions ici par anticipation ce principe, comme étant nécessairement le vrai moyen d'apprécier ceux des résultats du Calcul des fonctions génératrices, qui portent sur l'interpolation, c'est-à-dire, les résultats-primaires de ce Calcul. Il ne nous restera, dans la seconde partie de notre Philosophie, qu'à donner la déduction de la loi très remarquable de la génération technique ou du développement d'une fonction $F(x+i)$, que nous avons présentée dans cet ouvrage-ci sous la marque (25); loi de laquelle dérive, ainsi que nous venons de le voir, le principe premier de l'interpolation.

Or, la forme générale (17) des résultats-primaires du Calcul des fonctions génératrices, n'est visiblement qu'un cas très particulier de l'expression (68) que nous avons reconnue pour la possibilité du développement d'une fonction $f(x+i)$. C'est donc réellement dans cette dernière expression (68), comme nous venons de l'annoncer, que se trouve le principe de tous les résultats-primaires de ce Calcul, c'est-à-dire, le principe de tout ce qu'on peut obtenir de véritable génération par le moyen de ce Calcul. — Ainsi, nous sommes réellement à même d'apprécier le rang scientifique du Calcul en question; et c'est ce que nous allons faire.

La loi (25) du développement d'une fonction $F(x+i)$, présente une génération technique, vraie dans tous les cas, c'est-à-dire, pour toutes les valeurs de i, entières, fractionnaires, transcendantes, etc.; comme nous le montrerons en donnant la déduction de cette loi. Donc, l'expression (68) que nous avons tirée de la loi (25), présente de même une génération technique de la fonction $f(x+i)$, vraie pour toutes les valeurs de i. — Ainsi, la forme générale (17) des résultats-primaires du Calcul des fonctions génératrices étant un cas particulier de l'expression (68), la signification scientifique de ces résultats serait, d'abord, de former une GÉNÉRATION TECHNIQUE d'une fonction $f(x+i)$; et non une génération théorique, comme le prétend l'auteur du Calcul des fonctions génératrices, en qualifiant ce Calcul du nom de *Théorie*.

Mais, suivant le principe du Calcul des fonctions génératrices, la règle fondamentale (6) de ce Calcul, n'a aucune, absolument aucune signification, lorsque i n'est pas un nombre entier; et lorsque i est un nombre entier, cette règle est une simple expression d'identité, comme nous l'avons déja remarqué plusieurs fois. Donc, lorsque i est un nombre entier, les résultats du Calcul des fonctions génératrices, qui se trouvent alors fondés sur les principes mêmes de ce Calcul, ne sont que de simples TRANSFORMATIONS ALGORITHMIQUES; et lorsque i n'est pas un nombre entier, les résultats du Calcul dont il s'agit, qui présentent alors de véritables GÉNÉRATIONS algorithmiques, sont tout-à-fait gratuits, ne se trouvant nullement fondés sur les principes mêmes de ce Calcul. — Ainsi, dans ce dernier cas, qui est précisément celui qui pourrait donner un rang scientifique au Calcul des fonctions génératrices (*), les résultats en question ne sont visiblement obtenus que PAR INDUCTION; et, pour qu'ils soient admissibles, il faut qu'il se trouve un principe étranger à ce Calcul, qui, en donnant la déduction de la possibilité de ces résultats, présente une légitimation de l'induction par laquelle seule le Calcul dont il s'agit, peut y arriver. Ce principe, nous l'avons trouvé : c'est l'expression technique (68), ou, en remontant à son origine, la loi technique (25).

(*) Voyez plus haut, pages 14 et suiv., ce que nous avons dit sur la distinction entre une simple transformation algorithmique, et une véritable génération algorithmique.

Bien plus, il ne nous suffit pas encore d'avoir reconnu, dans l'expression technique (68), la possibilité des résultats-primaires du Calcul des fonctions génératrices, pour établir la validité de l'induction par laquelle ce dernier arrive à ces résultats. Il se pourrait, en effet, que, lorsque i est un nombre entier et positif, l'expression (68), qui est le principe des résultats en question, se réduisît à une fonction particulière de i, différente de la fonction générale qu'elle forme lorsque i est un nombre quelconque; et que les résultats donnés par le Calcul des fonctions génératrices, ne fussent autre chose que cette fonction particulière. Il est vrai que la forme générale (17) de ces résultats, en tant que les coefficiens A_μ, A'_μ, A''_μ, etc. de cette forme paraissent construits de la même manière par la quantité i, que le sont les coefficiens R_μ, R'_μ, R''_μ, etc. de l'expression générale (68), donne quelque PROBABILITÉ de ce que cette forme (17) est identique avec l'expression (68); mais, pour avoir la CERTITUDE de cette identité, il reste nécessaire d'opérer, par des procédés rigoureux, le développement de la fonction $f(x+i)$, dans tous les cas particuliers, pour reconnaître si les résultats que donne le Calcul des fonctions génératrices, sont, dans tous les cas, conformes au développement général de la fonction $f(x+i)$.

Il s'ensuit irréfragablement que, par lui-même, le Calcul dont il s'agit ne peut conduire qu'à de simples TRANSFORMATIONS algorithmiques, qui généralement ne sont d'aucune importance majeure pour la science, et que, pour arriver à des résultats qui présentent une véritable GÉNÉRATION algorithmique, et qui seuls pourraient donner un rang scientifique à ce Calcul, il ne peut le faire que par induction, et non par ses propres principes (*). Donc, considéré

(*) Le nom de *Calcul de fonctions génératrices*, est donc précisément le moins convenable pour ce procédé qui, PAR LUI-MÊME, ne saurait évidemment présenter aucune

d'une manière absolue, le Calcul des fonctions génératrices n'a aucun rang dans la science.

C'est du moins ce qui suit déja de l'examen de la forme PRINCIPALE (11), impliquée dans la forme générale (17) des résultats qu'on peut obtenir par le Calcul dont il est question. — Voyons maintenant quel prix ce Calcul reçoit de la transformation (15) de la quantité $\frac{1}{t^i}$; transformation qui, pour éviter le défaut (13), doit précéder le développement préalable (8), et qui, ainsi que nous l'avons vu sous la marque (17), donne une forme ACCESSOIRE aux résultats.

Soit Ft une fonction quelconque de t; et $f(t)_\omega$ une autre fonction de la même quantité, mais telle que l'équation ... (71)

$$f(t)_\omega = z$$

donne ω valeurs ou déterminations différentes pour t. Alors, on

---

véritable *génération* algorithmique; et c'est pour cette raison que, sans avoir égard à cette dénomination vraiment illusoire, nous nous permettons, dans notre loi algorithmique absolue (Voyez Philos. des Mathém. page 252), savoir,

$$Fx = A_0 . \Omega_0 + A_1 . \Omega_1 + A_2 . \Omega_2 + A_3 . \Omega_3 + \text{etc.},$$

et dans toutes les lois techniques qui en dérivent, de nommer les fonctions Ω_1, Ω_2, Ω_3, etc. *fonctions génératrices* de la série. — Nous pensons que le peu que nous avons déja fait connaître de la génération technique des quantités, suffira pour légitimer notre dénomination, et peut-être même pour lui donner un fondement inébranlable. — Quant au procédé algorithmique de M. le comte Laplace, qui est l'objet de cet ouvrage, il paraît, si tant est qu'il faille lui donner un nom, que sa dénomination la plus propre est sans contredit celle de *méthode de transformation;* et pour distinguer cette méthode d'un millier d'autres méthodes de transformation dont abonde l'Algorithmie, on peut y joindre le nom de son illustre auteur, et l'appeler *méthode de transformation de M. le comte Laplace.*

peut toujours décomposer la fonction Ft en plusieurs autres fonctions, suivant la forme ... (72)

$$Ft = Z_1 . \psi_1 t + Z_2 . \psi_2 t + Z_3 . \psi_3 t \dots + Z_\omega . \psi_\omega t;$$

$\psi_1 t$, $\psi_2 t$, $\psi_3 t$, ... $\psi_\omega t$ étant des fonctions quelconques de t, et Z_1, Z_2, Z_3, ... Z_ω des fonctions de la quantité z. En effet, soient $t^{(1)}$, $t^{(2)}$, $t^{(3)}$, ... $t^{(\omega)}$ les ω différentes valeurs ou déterminations de t, données par l'équation (71); déterminations qui seront visiblement des fonctions de z. Substituant successivement ces valeurs dans l'équation (72), on aura les ω équations ... (73)

$$Ft^{(1)} = Z_1 . \psi_1 t^{(1)} + Z_2 . \psi_2 t^{(1)} \dots + Z_\omega . \psi_\omega t^{(1)}$$
$$Ft^{(2)} = Z_1 . \psi_1 t^{(2)} + Z_2 . \psi_2 t^{(2)} \dots + Z_\omega . \psi_\omega t^{(2)}$$
$$Ft^{(3)} = Z_1 . \psi_1 t^{(3)} + Z_2 . \psi_2 t^{(3)} \dots + Z_\omega . \psi_\omega t^{(3)}$$
$$\dots\dots\dots\dots\dots\dots$$
$$Ft^{(\omega)} = Z_1 . \psi_1 t^{(\omega)} + Z_2 . \psi_2 t^{(\omega)} \dots + Z_\omega . \psi_\omega t^{(\omega)},$$

au moyen desquelles on peut déterminer les ω coefficiens Z_1, Z_2, Z_3, ... Z_ω de l'expression (72); et ces coefficiens seront des fonctions de z.

Tel est le vrai PRINCIPE de la transformation (15) qui, dans le Calcul des fonctions génératrices, donne une forme accessoire aux résultats de ce Calcul, ainsi que nous l'avons vu sous la marque (17); principe qui paraît avoir échappé à M. le comte Laplace. — Mais, avant d'apprécier, par ce principe, l'influence ou la valeur scientifique de cette transformation, indiquons la manière dont elle peut être opérée avec facilité, pour le but pour lequel elle a lieu.

Lorsque la fonction $f(t)_\omega$ est un polynome de la forme ... (74)

$$f(t)_\omega = a_0 + a_1 . t + a_2 . t^2 + a_3 . t^3 \dots + a_\omega . t^\omega,$$

la détermination des ω valeurs de t, donnée par l'équation (71), savoir,

$$z = a_0 + a_1 . t + a_2 . t^2 \ldots + a_\omega . t^\omega,$$

exige la résolution d'une équation immanente d'un degré ω. Par suite de la réforme que la Philosophie des Mathématiques a introduite dans la science, cette résolution, pour un degré quelconque ω, n'est plus une chose impossible (*); mais, vu la longueur des calculs, il faut l'éviter: et on peut le faire facilement lorsque, comme c'est ici le but, il ne s'agit que de développer les fonctions Z_1, Z_2, Z_3, ... Z_ω suivant les puissances de z, ou suivant toutes autres fonctions génératrices de la série (**).

D'abord, on peut le faire d'une manière indirecte, lorsque la fonction Ft qu'il s'agit de développer, a la forme $\frac{1}{t^i}$, et que les fonctions $\psi_1 t$, $\psi_2 t$, $\psi_3 t$, ... $\psi_\omega t$ suivant lesquelles doit être opérée la transformation (72), ne sont qu'une suite de puissances; ainsi que cela arrive dans la transformation (15) qui est le moyen accessoire du Calcul des fonctions génératrices. Car, en observant que $\frac{1}{t^i}$ est le coefficient de θ^i dans le développement de la fonction $\left(1 - \frac{\theta}{t}\right)^{-1}$ par rapport aux puissances de θ, on peut facilement trouver une fonction de θ et de z, qui, multipliant et divisant la fonction $\left(1 - \frac{\theta}{t}\right)^{-1}$, la change selon la forme demandée (15); et c'est là le procédé de M. le comte Laplace. Mais ce procédé, qui s'écarte visiblement du principe de la transformation dont il est question, et

(*) Voyez notre *Résolution générale des Equations*.

(**) Il s'agit ici des véritables FONCTIONS GÉNÉRATRICES dont il a été question dans la Note précédente.

8

qui, par conséquent, n'est qu'un procédé indirect, ne saurait servir lorsque la fonction Ft et les fonctions auxiliaires $\psi_1 t$, $\psi_2 t$, $\psi_3 t$, etc. sont considérées en général comme étant des fonctions quelconques. — Nous trouvant ici engagés dans cette matière, nous allons, par anticipation sur notre Technie, indiquer le procédé direct de la transformation dont il s'agit, fondé immédiatement sur le principe (73) de cette transformation. En y joignant notre loi générale des séries (*Réfutation de la Théorie des fonctions analytiques*), on aura ainsi, dès ce moment, le moyen de développer, sans défaut, une fonction Ft suivant les facultés algorithmiques d'une fonction quelconque de la quantité z ou $f(t)_\omega$ formant le polynome (74) ; et l'on pourra déja, du moins en partie, éviter le défaut nécessaire dont il a été question dans une Note à la page 104 de notre Réfutation de la Théorie des fonctions analytiques.

Soit φz la fonction de z par rapport à laquelle on veut développer la fonction Ft, et soit ζ la valeur de z que donne la relation $\varphi z = 0$. Soient, de plus, T_1, T_2, T_3, ... T_ω les racines de l'équation ... (75)

$$\zeta = a_0 + a_1 . t + a_2 . t^2 + a_3 . t^3 \ldots + a_\omega . t^\omega;$$

racines qu'on peut trouver par des moyens techniques, ou par des moyens d'approximation. L'équation (71) sera ... (76)

$$z - \zeta = (t - T_1)(t - T_2)(t - T_3) \ldots (t - T_\omega)$$

et prenant, par rapport aux quantités z et t, la différentielle des deux membres de cette dernière égalité, on aura ... (77)

$$\frac{dt}{dz} = \frac{\{(t-T_1)(t-T_2)(t-T_3)\ldots(t-T_\omega)\}^{-1}}{\frac{1}{t-T_1} + \frac{1}{t-T_2} + \frac{1}{t-T_3} \ldots + \frac{1}{t-T_\omega}}.$$

Ainsi, en désignant, comme plus haut, par $t^{(1)}$, $t^{(2)}$, $t^{(3)}$, ... $t^{(\alpha)}$ les

ω valeurs de t que donne l'équation (71) ou bien l'équation (76), et en substituant successivement, dans l'expression générale précédente (77), ces différentes valeurs de t, on aura les rapports différentiels ... (78)

$$\frac{dt^{(1)}}{dz}, \quad \frac{dt^{(2)}}{dz}, \quad \frac{dt^{(3)}}{dz}, \quad \ldots \frac{dt^{(\omega)}}{dz}.$$

De plus, en dénotant généralement par les crochets [ ] l'état d'une fonction de z dans le cas où $z = \zeta$, et en observant qu'on a alors

$$[t^{(1)}] = T_1, \quad [t^{(2)}] = T_2, \quad [t^{(3)}] = T_3, \quad \ldots [t^{(\omega)}] = T_\omega,$$

l'expression générale (77) donnera ... (79)

$$\left[\frac{dt^{(1)}}{dz}\right] = \{(T_1 - T_2)(T_1 - T_3)(T_1 - T_4) \ldots (T_1 - T_\omega)\}^{-1}$$

$$\left[\frac{dt^{(2)}}{dz}\right] = \{(T_2 - T_1)(T_2 - T_3)(T_2 - T_4) \ldots (T_2 - T_\omega)\}^{-1}$$

$$\left[\frac{dt^{(3)}}{dz}\right] = \{(T_3 - T_1)(T_3 - T_2)(T_3 - T_4) \ldots (T_3 - T_\omega)\}^{-1}$$

. . . .

$$\left[\frac{dt^{(\omega)}}{dz}\right] = \{(T_\omega - T_1)(T_\omega - T_2)(T_\omega - T_3) \ldots (T_\omega - T_{\omega-1})\}^{-1}.$$

En partant de l'expression (77), on déterminera de la même manière les rapports des différentielles des ordres supérieurs, d'abord en général, et ensuite en particulier lorsque $z = \zeta$.

Maintenant, en observant que les quantités Z_1, Z_2, Z_3, ... Z_ω que nous désignerons généralement par Z, sont données en fonctions de $t^{(1)}$, $t^{(2)}$, $t^{(3)}$, ... $t^{(\omega)}$ par les équations (73) qui déterminent ces quantités, et en considérant $t^{(1)}$, $t^{(2)}$, $t^{(3)}$, etc. comme étant des fonctions de z, les dérivées différentielles $\left(\frac{dZ}{dz}\right)$, $\left(\frac{d^2Z}{dz^2}\right)$, $\left(\frac{d^3Z}{dz^3}\right)$, etc. seront des fonctions des quantités $t^{(1)}$, $t^{(2)}$, $t^{(3)}$, etc. et des rapports différentiels $\frac{dt^{(1)}}{dz}$, $\frac{dt^{(2)}}{dz}$, $\frac{dt^{(3)}}{dz}$, etc. Ainsi, dans le cas où $z=\zeta$, substituant pour $t^{(1)}$, $t^{(2)}$, $t^{(3)}$ etc. les valeurs T_1, T_2, T_3, etc., et pour les rapports différentiels $\frac{dt^{(1)}}{dz}$, $\frac{dt^{(2)}}{dz}$, $\frac{dt^{(3)}}{dz}$, etc. les expressions (79) et celles des ordres supérieurs, les dérivées différentielles $\left[\frac{dZ}{dz}\right]$, $\left[\frac{d^2Z}{dz^2}\right]$, $\left[\frac{d^3Z}{dz^3}\right]$, etc. ne seront plus fonctions que des quantités T_1, T_2, T_3, ... T_ω.

Or, ce sont ces dernières dérivées différentielles qu'il faut connaître pour développer, en vertu de notre loi générale des séries, les fonctions Z par rapport aux facultés d'une fonction quelconque φz de la quantité z. — Par exemple, lorsque, dans le cas le plus particulier où $\varphi z = z$, il s'agit de développer les fonctions Z suivant les simples puissances de z, on aura immédiatement

$$Z = [Z] + \left[\frac{dZ}{dz}\right].\frac{z}{1} + \left[\frac{d^2Z}{dz^2}\right].\frac{z^2}{1.2} + \text{etc.};$$

et par conséquent ... (80)

$$\begin{aligned} Ft = {} & \psi_1 t.[Z_1] + \psi_2 t.[Z_2] + \psi_3 t.[Z_3] \ldots + \psi_\omega t.[Z_\omega] \\ & + \left\{\psi_1 t.\left[\frac{dZ_1}{dz}\right] + \psi_2 t.\left[\frac{dZ_2}{dz}\right] + \psi_3 t.\left[\frac{dZ_3}{dz}\right] \ldots + \psi_\omega t.\left[\frac{dZ_\omega}{dz}\right]\right\}.\frac{z}{1} \\ & + \left\{\psi_1 t.\left[\frac{d^2Z_1}{dz^2}\right] + \psi_2 t.\left[\frac{d^2Z_2}{dz^2}\right] + \psi_3 t.\left[\frac{d^2Z_3}{dz^2}\right] \ldots + \psi_\omega t.\left[\frac{d^2Z_\omega}{dz^2}\right]\right\}.\frac{z^2}{1.2} \\ & + \text{etc., etc.} \end{aligned}$$

Revenons actuellement au principe (73) de la décomposition (72) de la fonction Ft, pour pouvoir apprécier la transformation (15) constituant le moyen accessoire du Calcul des fonctions génératrices. — Cette appréciation est la chose la plus facile : en effet, pour peu qu'on examine la manière dont les quantités $Z_1, Z_2, Z_3, \ldots Z_\omega$ se trouvent déterminées par les équations (73), on voit immédiatement que ces quantités sont des fonctions de z, telles qu'en y substituant, à la place de z, sa valeur $f(t)_\omega$, le second membre de l'expression (72) se trouvera parfaitement identique avec le premier membre de cette expression; de sorte que la transformation (72) n'est rien autre qu'une simple expression d'identité. Donc, le procédé (15) dont il est ici question et qui se trouve fondé sur le même principe, ne conduit non plus qu'à une simple expression d'identité, c'est-à-dire, à une simple TRANSFORMATION algorithmique.

Il s'ensuit que la forme accessoire que reçoivent, de cette transformation, les résultats du Calcul des fonctions génératrices, n'augmente en rien la valeur de ces résultats; et par conséquent, que la conclusion que, ci-dessus, nous avons déja déduite de l'examen de la forme générale, se trouve encore affermie par l'examen que nous venons de faire de la forme accessoire.

En résumant ce que nous avons déja reconnu dans cet ouvrage, nous trouverons : 1°.) quant aux parties constituantes du Calcul des fonctions génératrices, que ni le principe, ni la règle fondamentale, ni les circonstances immédiates de ce Calcul, ne sauraient lui donner un rang dans la THÉORIE de l'Algorithmie, et encore moins le rang d'une branche PRIMITIVE et FONDAMENTALE; et 2°.) quant aux résultats du Calcul dont il s'agit, que leur forme présente à la vérité la forme d'une génération TECHNIQUE, mais que ce Calcul ne peut arriver à une véritable GÉNÉRATION que par induction, et non par ses propres principes, et que tout ce qu'on peut tirer de ces principes, soit sous la forme principale, soit sous la forme accessoire des résultats, n'est qu'une simple TRANSFORMATION.

Telle est la SIGNIFICATION SCIENTIFIQUE du Calcul des fonctions génératrices. — Nous ne l'avons examiné explicitement que dans son application aux fonctions d'une seule variable, parceque tout ce qui a lieu dans le cas des fonctions de plusieurs variables, n'est ici visiblement qu'une complication du cas simple des fonctions d'une seule variable. D'ailleurs, considéré implicitement, notre examen est général, et s'étend, par lui-même, à l'application du Calcul dont il s'agit aux fonctions d'un nombre quelconque de variables; et par conséquent, dans cette considération, nos conclusions sont générales.

Voyons maintenant quelle est l'UTILITÉ SCIENTIFIQUE du Calcul des fonctions génératrices; de ce Calcul qui, suivant son illustre auteur, paraissait destiné à régénérer la science.

Tout procédé algorithmique, pour être utile à la science, doit l'être ou pour la Théorie de l'Algorithmie, la génération absolue des quantités, leur construction, ou pour la Technie de l'Algorithmie, la génération relative des quantités, leur évaluation. Or, vu la signification scientifique du Calcul des fonctions génératrices, savoir que ce Calcul ne présente, par lui-même, que de simples transformations algorithmiques, dans le contenu et même dans la forme de ces résultats, on peut déja, sans examen ultérieur, conclure que le Calcul des fonctions génératrices ne saurait avoir aucune utilité NÉCESSAIRE, ni dans la Théorie, ni dans la Technie de l'Algorithmie. Mais, ayant égard à l'induction qui, par une espèce de subreption logique, forme l'instrument principal de ce Calcul, induction dont nous avons légitimé la possibilité en indiquant son principe, il se pourrait que, par le moyen de ce procédé étranger, le Calcul des fonctions génératrices présentât au moins une utilité CONTINGENTE;

et c'est ce que nous allons examiner. — Nous ne devons pas oublier qu'il ne s'agit toujours que de cette application du Calcul en question, qui donne les résultats que nous sommes convenus de nommer résultats-primaires ; et cela précisément parceque l'induction que nous venons d'alléguer et qui seule peut nous intéresser ici, donne cette espèce de résultats. — Venons à l'examen dont il s'agit.

D'abord, pour ce qui concerne la Théorie de l'Algorithmie, on voit, pour peu qu'on y réfléchisse, que l'utilité, la seule que présente accidentellement le Calcul des fonctions génératrices, consiste dans la détermination de la relation des fonctions marquées par la caractéristique ∇. — Comme l'illustre auteur de ce Calcul ne paraît pas avoir approfondi la nature des fonctions ∇, nous pensons lui faire plaisir en indiquant ici leur origine et le véritable principe de leur relation ; et c'est ce principe qui nous servira pour apprécier l'utilité théorique en question.

En désignant par φx une fonction quelconque de la quantité x, et par A_0, A_1, A_2, etc. des quantités indépendantes de x, si, en combinant les deux premiers algorithmes primitifs, la sommation et la reproduction (l'addition et la multiplication, progressives et régressives), on forme l'algorithme dérivé dont voici le schéma...(81)

$$A_0 \cdot \varphi x + A_1 \cdot \varphi(x+\xi) + A_2 \cdot \varphi(x+2\xi) + A_3 \cdot \varphi(x+3\xi) + \text{etc.};$$

cet algorithme dérivé sera un des algorithmes élémentaires nécessaires. Nous avons déduit sa forme générale, dans la Philosophie des Mathématiques (pages 8 et 173); et, pour le distinguer des autres algorithmes nécessaires, nous lui avons donné le nom de *numération*, en généralisant le même nom déja employé pour désigner le procédé arithmétique particulier fondé sur l'algorithme élémentaire général dont il s'agit, ainsi que nous l'avons montré, sous la marque (26) page 175, et encore mieux sous la marque (XIX) page 238, en déduisant ce procédé arithmétique ou particulier de l'algorithme des numérales allégué sous la marque (24), qui forme le cas le plus simple de l'algorithme général de la numération. Nous renvoyons à la déduction philosophique et spécialement à la déduction architectonique que, dans notre Philosophie (pages 7—9, et 172—181), nous avons donnée de l'algorithme dont il est question : on y verra son origine, ainsi que son caractère distinctif, consistant dans la possibilité de donner, par le moyen d'une fonction arbitraire φx, la génération d'une fonction quelconque Fx; possibilité qui est le principe philosophique de cette espèce de génération algorithmique que nous nommons *génération technique*. — Or, la théorie de tout algorithme doit, comme on l'a vu dans la Philosophie, présenter trois parties : la CONCEPTION GÉNÉRALE, la LOI FONDAMENTALE, et les CIRCONSTANCES IMMÉDIATES de cet algorithme. Pour ce qui concerne la conception générale de l'algorithme de numération, nous l'avons déterminée par la déduction architectonique même à laquelle nous venons de renvoyer. Quant à la loi fondamentale et aux circonstances immédiates de cet algorithme, nous nous sommes réservés à les donner dans la seconde partie de la Philosophie des Mathématiques, et nommément dans la Technie de l'Algorithmie, parceque, comme nous venons de le remarquer, l'espèce de finalité contenue dans l'algorithme élémentaire de la numération, est un des principes de la génération technique des quantités. Nous allons ici indiquer au moins les circonstances immédiates en question, qui, ainsi qu'on le verra, contiennent le principe de la relation des fonctions marquées par le signe ∇; relation qui est notre objet actuel.

Suivant ce que nous venons de dire, une fonction quelconque Fx peut être engendrée par une fonction arbitraire φx, au moyen de l'algorithme de numération dont il s'agit; c'est-à-dire qu'on a ... (82)

$$Fx + Const. = A_0 . \varphi x + A_1 . \varphi(x+\xi) + A_2 . \varphi(x+2\xi) + A_3 . \varphi(x+3\xi) + \text{etc.},$$

pourvu que cette génération soit indéfinie. Nous avons déja indiqué, pages 248 et suiv. de l'ouvrage que nous venons de citer, l'origine philosophique de l'expression précédente (82), consistant dans la forme possible de la réunion des algorithmes techniques élémentaires; et nous donnerons, dans la Technie de l'Algorithmie, la déduction algorithmique de la possibilité de cette génération arbitraire, où l'on verra, en même tems, les limites de l'exclusion des fonctions φx impropres pour une pareille génération d'une fonction Fx, et les moyens généraux d'employer même ces dernières, en rendant les coefficiens A_0, A_1, A_2, etc. fonctions de x. Mais, lorsque la génération précédente (82) n'est point indéfinie, lorsqu'elle n'est composée que d'un nombre défini ($\mu + 1$) de termes, savoir, ... (83)

$$Fx = A_0 . \varphi x + A_1 . \varphi(x+\xi) + A_2 . \varphi(x+2\xi) \ldots + A_\mu . \varphi(x+\mu\xi);$$

il est évident que, les coefficiens A_0, A_1, A_2, ... A_μ étant indépendans de x, la fonction φx génératrice de la fonction Fx par le moyen de cet algorithme, ne saurait plus être une fonction arbitraire, et par conséquent, qu'il existe ici une relation déterminée entre la fonction engendrée Fx et la fonction génératrice φx en question (*); et c'est cette relation, formant proprement les CIRCONSTANCES IMMÉDIATES de l'algorithme de numération dont il s'agit, qui constitue visiblement le principe de la relation des fonctions que nous dénotons par ∇.

Pour nous rapprocher de cette dernière question, désignons géné-

(*) Plus est grand le nombre μ des termes de la génération (83), plus est grande l'indétermination de la fonction φx. Lorsque ce nombre est infini, l'indétermination de la fonction φx est également infinie, c'est-à-dire que cette fonction est alors arbitraire.

ralement par $\nabla\varphi x$ la fonction engendrée suivant l'algorithme (83) avec la fonction génératrice φx, et nous aurons . . . (83)'

$$\nabla\varphi x = A_0 . \varphi x + A_1 . \varphi(x+\omega) + A_2 . \varphi(x+2\omega) \ldots + A_\mu . \varphi(x+\mu\omega);$$

en désignant ici par ω l'accroissement de la variable x. De plus, puisque, d'après la même notation, $\nabla\varphi x$ est la fonction génératrice de $\nabla^2\varphi x$, $\nabla^2\varphi x$ la fonction génératrice de $\nabla^3\varphi x$, et ainsi de suite, nous aurons généralement . . . (84)

$$\nabla^{\varpi}\varphi x = A_0 . \nabla^{\varpi-1}\varphi x + A_1 . \nabla^{\varpi-1}\varphi(x+\omega) + A_2 . \nabla^{\varpi-1}\varphi(x+2\omega) \ldots$$
$$\ldots + A_\mu . \nabla^{\varpi-1}\varphi(x+\mu\omega),$$

ϖ étant un nombre entier quelconque. Or, dans cette relation générale des fonctions $\nabla^{\varpi}\varphi x$ et $\nabla^{\varpi-1}\varphi x$, deux questions se présentent : 1°. la détermination de la fonction engendrée $\nabla^{\varpi}\varphi x$, au moyen de la fonction génératrice $\nabla^{\varpi-1}\varphi x$; et réciproquement 2°. la détermination de la fonction génératrice $\nabla^{\varpi-1}\varphi x$, au moyen de la fonction engendrée $\nabla^{\varpi}\varphi x$ (*). — La première de ces questions est résolue

(*) Il se présente ici encore une troisième question, mais qui est purement accessoire : c'est la question de déterminer généralement la fonction $\nabla^{\varpi}\varphi x$, pour un exposant quelconque ϖ, au moyen de la fonction primitive φx et de ses accroissemens $\varphi(x+\omega)$, $\varphi(x+2\omega)$, etc. Nous en avons déja indiqué plus haut la solution que voici. — Si l'on a . . . (A)

$$\nabla\varphi x = A_0 . \varphi x + A_1 . \varphi(x+\omega) + A_2 . \varphi(x+2\omega) \ldots + A_\mu . \varphi(x+\mu\omega);$$

on aura généralement . . . (B)

$$\nabla^{\varpi}\varphi x = B_0 . \varphi x + B_1 . \varphi(x+\omega) + B_2 . \varphi(x+2\omega) + B_3 . \varphi(x+3\omega) + \text{etc.},$$

les coefficiens B_0, B_1, B_2, etc. ayant, pour un indice quelconque m, l'expression générale

$$B_m = 1^{\varpi|1} . Agr. \left\{ \frac{A_0^{p_0} . A_1^{p_1} . A_2^{p_2} \ldots A_\mu^{p_\mu} .}{1^{p_0|1} . 1^{p_1|1} . 1^{p_2|1} \ldots 1^{p_\mu|1}} \right\},$$

immédiatement par l'expression même (84), qui donne la génération dont il s'agit. — Quant à la seconde question, c'est là le nœud de cette théorie ; et c'est précisément là le principe de la relation des fonctions v, qui est notre objet.

Désignons par $n_1, n_2, n_3, \ldots n_\mu$ les μ racines de l'équation ... (85)

$$0 = A_0 + A_1 . n + A_2 . n^2 + A_3 . n^3 \ldots + A_\mu . n^\mu,$$

et formons avec ces racines les quantités suivantes ... (86)

$$\begin{aligned}
N_1 &= \varpi [n_2^{v1} . n_3^{v2} . n_4^{v3} \ldots n_{\mu-1}^{v(\mu-2)} . n_\mu^{v(\mu-1)}] \\
N_2 &= \varpi [n_1^{v1} . n_3^{v2} . n_4^{v3} \ldots n_{\mu-1}^{v(\mu-2)} . n_\mu^{v(\mu-1)}] \\
N_3 &= \varpi [n_1^{v1} . n_2^{v2} . n_4^{v3} \ldots n_{\mu-1}^{v(\mu-2)} . n_\mu^{v(\mu-1)}] \\
&\ldots\ldots\ldots\ldots \\
N_{\mu-1} &= \varpi [n_1^{v1} . n_2^{v2} . n_3^{v3} \ldots n_{\mu-2}^{v(\mu-2)} . n_\mu^{v(\mu-1)}] \\
N_\mu &= \varpi [n_1^{v1} . n_2^{v2} . n_3^{v3} \ldots n_{\mu-2}^{v(\mu-2)} . n_{\mu-1}^{v(\mu-1)}] \text{ (*)};
\end{aligned}$$

---

dans laquelle l'abréviation *Agr.* désigne l'agrégat des termes correspondans à toutes les valeurs entières des quantités $\rho_0, \rho_1, \rho_2, \ldots \rho_\mu$ données par les équations

$$\rho_0 + \rho_1 + \rho_2 \ldots + \rho_\mu = \varpi$$
$$\rho_1 + 2 . \rho_2 + 3 . \rho_3 \ldots + \mu . \rho_\mu = m.$$

Cette question embrasse visiblement, d'une manière générale, la considération des accroissemens par sommation que peut recevoir une fonction φx; mais elle n'a une signification absolue que lorsque, dans l'expression primitive (A), il n'existe que les deux premiers termes, et que, de plus, les deux coefficiens A_0 et A_1 sont l'un $= + 1$ et l'autre $= - 1$. Dans ce seul cas, la question dont il s'agit devient NÉCESSAIRE ; et, comme nous l'avons montré dans la Philosophie des Mathématiques, elle donne alors lieu à une branche fondamentale de l'Algorithmie, savoir, à la THÉORIE DES DIFFÉRENCES.

(*) Il faut remarquer que, suivant la loi de la génération des quantités N_1, N_2. N_3, ... N_μ, elles sont toutes égales à l'unité, lorsque $\mu = 1$.

et de plus la quantité

$$N = \mathfrak{w}\,[n_1^{\nu 1} \,.\, n_2^{\nu 2} \,.\, n_3^{\nu 3} \ldots n_{\mu-2}^{\nu(\mu-2)} \,.\, n_{\mu-1}^{\nu(\mu-1)} \,.\, n_\mu^{\nu\mu}];$$

$\mathfrak{w}$ dénotant les fonctions que, dans la Réfutation de la Théorie des fonctions analytiques, nous avons nommées *sommes combinatoires* et désignées de la même manière, mais qu'il faut construire ici avec le produit des puissances $n_1^{\nu 1}$, $n_2^{\nu 2}$, $n_3^{\nu 3}$, etc., en donnant aux exposans $\nu 1$, $\nu 2$, $\nu 3$, etc. toutes les permutations possibles. Ayant formé ces quantités, dont l'évaluation peut se faire avec facilité, comme nous le montrerons peut-être dans une autre occasion, et ayant assigné aux exposans $\nu 1$, $\nu 2$, $\nu 3$, etc. les valeurs suivantes

$$\nu 1 = 1, \quad \nu 2 = 2, \quad \nu 3 = 3, \quad \ldots \nu(\mu-1) = \mu - 1, \quad \nu\mu = \mu,$$

on aura, pour la fonction génératrice $\nabla^{\varpi-1}\varphi x$ en question, l'expression générale ... (87)

$$\begin{aligned}\nabla^{\varpi-1}\varphi x = \frac{(-1)^{\mu-1}}{NA_\mu}\,.\Big\{ & N_1 \,.\, n_1^{\frac{x}{\omega}} \,.\, \Sigma\left[\nabla^{\varpi}\varphi x \,.\left(\frac{1}{n_1}\right)^{\frac{x}{\omega}}\right] - \\ & - N_2 \,.\, n_2^{\frac{x}{\omega}} \,.\, \Sigma\left[\nabla^{\varpi}\varphi x \,.\left(\frac{1}{n_2}\right)^{\frac{x}{\omega}}\right] + \\ & + N_3 \,.\, n_3^{\frac{x}{\omega}} \,.\, \Sigma\left[\nabla^{\varpi}\varphi x \,.\left(\frac{1}{n_3}\right)^{\frac{x}{\omega}}\right] - \\ & - N_4 \,.\, n_4^{\frac{x}{\omega}} \,.\, \Sigma\left[\nabla^{\varpi}\varphi x \,.\left(\frac{1}{n_4}\right)^{\frac{x}{\omega}}\right] + \\ & \ldots\ldots\ldots\ldots \\ & (-1)^{\mu-1} \,.\, N_\mu \,.\, n_\mu^{\frac{x}{\omega}} \,.\, \Sigma\left[\nabla^{\varpi}\varphi x \,.\left(\frac{1}{n_\mu}\right)^{\frac{x}{\omega}}\right]\Big\},\end{aligned}$$

en prenant, suivant la voie progressive, l'intégrale indéfinie Σ par rapport à l'accroissement ω de la variable x.

C'est là le principe de la relation des fonctions $\nabla^{\varpi}\varphi x$ et $\nabla^{\varpi-1}\varphi x$ données par l'expression (84) formant une circonstance immédiate de l'algorithme élémentaire de la numération; et cette loi, comme tous les principes théoriques, doit recevoir sa détermination par elle-même. Aussi, en substituant les valeurs de $\nabla^{\varpi-1}\varphi x$, $\nabla^{\varpi-1}\varphi(x+\omega)$, $\nabla^{\varpi-1}\varphi(x+2\omega)$, etc., données par la formule (87) en question, dans l'expression (84) qui détermine la relation des fonctions $\nabla^{\varpi}\varphi x$ et $\nabla^{\varpi-1}\varphi x$, on trouvera facilement que cette relation (84) sera vérifiée; et l'on aura ainsi une déduction absolue de la formule (87) constituant le principe dont il s'agit (*).

En effet, si, pour abréger les expressions, on fait dans la formule (87),

$$\Sigma\left[\nabla^{\varpi}\varphi x\,.\left(\frac{1}{n_1}\right)^{\frac{x}{\omega}}\right] = \Sigma_1(x)$$

$$\Sigma\left[\nabla^{\varpi}\varphi x\,.\left(\frac{1}{n_2}\right)^{\frac{x}{\omega}}\right] = \Sigma_2(x)$$

$$\Sigma\left[\nabla^{\varpi}\varphi x\,.\left(\frac{1}{n_3}\right)^{\frac{x}{\omega}}\right] = \Sigma_3(x)$$

etc.;

et si l'on substitue les valeurs de $\nabla^{\varpi-1}\varphi x$, $\nabla^{\varpi-1}\varphi(x+\omega)$, $\nabla^{\varpi-1}\varphi(x+2\omega)$,

---

(*) La déduction dont nous parlons, ne porte que sur la NÉCESSITÉ de la formule (87). Quant au principe de sa POSSIBILITÉ, il se trouve impliqué dans celui de l'intégration théorique des équations : nous aurons occasion de l'indiquer dans un autre tems.

etc., données par cette formule, dans l'expression (84), cette dernière deviendra ... (88)

$$\nabla^{\varpi}\varphi x = \frac{(-1)^{\mu-1}}{NA_\mu} \times$$

$$\times \Big\{ N_1 . n_1^{\frac{x}{\omega}} . [A_0 . \Sigma_1(x) + A_1 . n_1 . \Sigma_1(x+\omega) + A_2 . n_1^2 . \Sigma_1(x+2\omega) \ldots + A_\mu . n_1^\mu . \Sigma_1(x+\mu\omega)] -$$

$$- N_2 . n_2^{\frac{x}{\omega}} . [A_0 . \Sigma_2(x) + A_1 . n_2 . \Sigma_2(x+\omega) + A_2 . n_2^2 . \Sigma_2(x+2\omega) \ldots + A_\mu . n_2^\mu . \Sigma_2(x+\mu\omega)] +$$

$$+ N_3 . n_3^{\frac{x}{\omega}} . [A_0 . \Sigma_3(x) + A_1 . n_3 . \Sigma_3(x+\omega) + A_2 . n_3^2 . \Sigma_3(x+2\omega) \ldots + A_\mu . n_3^\mu . \Sigma_3(x+\mu\omega)] -$$

. . . .

$$(-1)^{\mu-1} . N_\mu . n_\mu^{\frac{x}{\omega}} . [A_0 . \Sigma_\mu(x) + A_1 . n_\mu . \Sigma_\mu(x+\omega) + A_2 . n_\mu^2 . \Sigma_\mu(x+2\omega) \ldots$$

$$\ldots + A_\mu . n_\mu^\mu . \Sigma_\mu(x+\mu\omega)] \Big\}.$$

Mais on a généralement

$$\Sigma(x+\omega) = \Sigma(x) + \Delta\Sigma(x),$$
$$\Sigma(x+2\omega) = \Sigma(x) + \Delta\Sigma(x) + \Delta\Sigma(x+\omega),$$
$$\Sigma(x+3\omega) = \Sigma(x) + \Delta\Sigma(x) + \Delta\Sigma(x+\omega) + \Delta\Sigma(x+2\omega),$$
$$\Sigma(x+4\omega) = \Sigma(x) + \Delta\Sigma(x) + \Delta\Sigma(x+\omega) + \Delta\Sigma(x+2\omega) + \Delta\Sigma(x+3\omega),$$

. . . .

$$\Sigma(x+\mu\omega) = \Sigma(x) + \Delta\Sigma(x) + \Delta\Sigma(x+\omega) + \Delta\Sigma(x+2\omega) \ldots + \Delta\Sigma(x+(\mu-1)\omega);$$

et de plus,

$$\Delta\Sigma(x) = \nabla^{\varpi}\varphi x . \left(\frac{1}{n}\right)^{\frac{x}{\omega}}$$

$$\Delta\Sigma(x+\omega) = \frac{1}{n} . \nabla^{\varpi}\varphi(x+\omega) . \left(\frac{1}{n}\right)^{\frac{x}{\omega}}$$

$$\Delta\Sigma(x+2\omega) = \frac{1}{n^2}.\nabla^{\varpi}\varphi(x+2\omega).\left(\frac{1}{n}\right)^{\frac{x}{\omega}}$$

. . . .

$$\Delta\Sigma(x+(\mu-1)\omega) = \frac{1}{n^{\mu-1}}.\nabla^{\varpi}\varphi(x+(\mu-1)\omega).\left(\frac{1}{n}\right)^{\frac{x}{\omega}}.$$

Ainsi, en substituant ces valeurs dans l'expression (88), et en observant, d'abord, qu'on a généralement

$$A_0 + A_1.n + A_2.n^2 + A_3.n^3 \ldots + A_\mu.n^\mu = 0,$$

et ensuite, que ... (88)'

$$N_1.n_1 - N_2.n_2 + N_3.n_3 - N_4.n_4 \ldots (-1)^{\mu-1}.N_\mu.n_\mu = 0$$
$$N_1.n_1^2 - N_2.n_2^2 + N_3.n_3^2 - N_4.n_4^2 \ldots (-1)^{\mu-1}.N_\mu.n_\mu^2 = 0$$
$$N_1.n_1^3 - N_2.n_2^3 + N_3.n_3^3 - N_4.n_4^3 \ldots (-1)^{\mu-1}.N_\mu.n_\mu^3 = 0$$
. . . .
$$N_1.n_1^\nu - N_2.n_2^\nu + N_3.n_3^\nu - N_4.n_4^\nu \ldots (-1)^{\mu-1}.N_\mu.n_\mu^\nu = 0,$$

tant que ν est un nombre entier plus petit que μ; l'expression (88) se réduira à ... (88)''

$$\nabla^{\varpi}\varphi x = \frac{(-1)^{\mu-1}}{N}\left\{N_1.n_1^\mu - N_2.n_2^\mu + N_3.n_3^\mu \ldots (-1)^{\mu-1}.N_\mu.n_\mu^\mu\right\}.\nabla^{\varpi}\varphi x;$$

et observant enfin qu'on a ... (88)'''

$$N_1.n_1^\mu - N_2.n_2^\mu + N_3.n_3^\mu - N_4.n_4^\mu \ldots (-1)^{\mu-1}.N_\mu.n_\mu^\mu = (-1)^{\mu-1}.N,$$

on verra que l'expression (88)'' est réellement identique, et par conséquent que l'expression (87) est rigoureusement vraie.

Or, le principe très simple que présente la formule (87), et qui se trouve ainsi vérifié immédiatement sur la relation fondamentale (84), suffit visiblement pour expliquer et pour donner tout ce que, concernant la relation des fonctions ∇, on peut accidentellement obtenir par le Calcul des fonctions génératrices; et c'est proprement là le véritable principe de tous les résultats concernant cette relation, donnés par le Calcul dont il s'agit. — Nous nous bornerons ici à alléguer l'intégration de l'équation ... (89)

$$\nabla^{\varpi} \varphi x = fx,$$

fx étant une fonction quelconque de x; intégration que l'auteur du Calcul des fonctions génératrices reproduit avec beaucoup de prétention. Ce serait vraiment un malheur si, pour arriver à cette intégration, la chose du monde la plus simple, la science ne possédait absolument que le procédé inductionnel de M. le comte Laplace : il faudrait désespérer de tout progrès ultérieur et important dans le savoir humain, si, pour résoudre une si petite question, l'homme n'avait pas des moyens intellectuels plus profonds et plus rigoureux. A Dieu ne plaise que nous nous trouvions dans ce désolant état! Heureusement, la science n'a point besoin du moyen très défectueux que lui offre M. le comte Laplace : sans remonter plus haut, cet auteur ne peut ignorer que la méthode de Lagrange, qui donne l'intégration des équations aux différences, résout, d'une manière rigoureuse et entièrement théorique, la question dont il s'agit. — Avec un peu d'attention, on s'appercevra facilement que le principe de cette dernière méthode, de celle de Lagrange, se trouve proprement dans notre loi (87) qui, suivant ce que nous avons dit plus haut, forme le principe premier de la relation des fonctions $\nabla^{\varpi} \varphi x$ et $\nabla^{\varpi-1} \varphi x$; aussi est-ce dans cette même loi que se trouve la solution la plus simple de l'intégration de l'équation (89) de M. le comte Laplace, et par conséquent de l'intégration des équations linéaires aux différences à coefficiens constans. En effet, substituant dans l'expression (87), à la place de $\nabla^{\varpi}\varphi x$, la fonction fx que donne l'équation proposée (89), on connaîtra immédiatement la fonction $\nabla^{\varpi-1}\varphi x$, qui étant substituée dans la même expression à la place de $\nabla^{\varpi}\varphi x$, fera connaître la fonction $\nabla^{\varpi-2}\varphi x$, et ainsi de suite jusqu'à la fonction génératrice φx. On pourrait même facilement en déduire l'expression immédiate de cette dernière fonction; mais, ce n'est pas là le vrai point de la question : ce point consiste à connaître la liaison immédiate des deux fonctions consécutives $\nabla^{\varpi}\varphi x$ et $\nabla^{\varpi-1}\varphi x$, ainsi que le donne la formule (87).

En développant, dans l'expression (84), les fonctions génératrices φx, $\varphi(x+\omega)$, $\varphi(x+2\omega)$, ... $\varphi(x+\mu\omega)$, on trouve ... (90)

$$\begin{aligned}\nabla^{\varpi}\varphi x = {} & (A_0 + A_1 + A_2 \ldots + A_{\mu}) \cdot \nabla^{\varpi-1}\varphi x + \\ & + \left(A_1 + 2A_2 + 3A_3 \ldots + \frac{\mu}{1}A_{\mu}\right) \cdot \Delta\nabla^{\varpi-1}\varphi x \\ & + \left(A_2 + 3A_3 + 6A_4 \ldots + \frac{\mu(\mu-1)}{1.2}A_{\mu}\right) \cdot \Delta^2\nabla^{\varpi-1}\varphi x \\ & + \left(A_3 + 4A_4 \ldots + \frac{\mu(\mu-1)(\mu-2)}{1.2.3}A_{\mu}\right) \cdot \Delta^3\nabla^{\varpi-1}\varphi x \\ & \cdots\cdots\cdots\cdots\cdots\cdots \\ & + A_{\mu} \cdot \Delta^{\mu}\nabla^{\varpi-1}\varphi x;\end{aligned}$$

les différences Δ, Δ^2, Δ^3, etc. étant prises par rapport à l'accroissement ω de la variable x. Et, en transformant l'équation (85) suivant les puissances de $(n-1)$, on a aussi ... (90)'

$$
\begin{aligned}
o = & (A_0 + A_1 + A_2 \ldots + A_\mu) + \\
& + \left(A_1 + 2A_2 + 3A_3 \ldots + \frac{\mu}{1} A_\mu\right) . (n-1) \\
& + \left(A_2 + 3A_3 + 6A_4 \ldots + \frac{\mu(\mu-1)}{1.2} A_\mu\right) . (n-1)^2 \\
& + \left(A_3 + 4A_4 \ldots + \frac{\mu(\mu-1)(\mu-2)}{1.2.3} A_\mu\right) . (n-1)^3 \\
& \ldots \ldots \ldots \ldots \ldots \ldots \\
& + A_\mu . (n-1)^\mu .
\end{aligned}
$$

Donc, lorsqu'on a l'équation aux différences ... (91)

$$fx = B_0 . \varphi x + B_1 . \Delta \varphi x + B_2 . \Delta^2 \varphi x + B_3 . \Delta^3 \varphi x \ldots + B_\mu . \Delta^\mu \varphi x,$$

B_0, B_1, B_2, ... B_μ étant des coefficiens quelconques, indépendans de x; il suffit, en supposant dans l'expression (90), $\varpi = 1$ et $\nabla^\varpi \varphi x = fx$, de prendre les racines de l'équation ... (92)

$$o = B_0 + B_1 . m + B_2 . m^2 + B_3 . m^3 \ldots + B_\mu . m^\mu ;$$

et désignant ces racines par m_1, m_2, m_3, ... m_μ, de faire

$$n_1 = 1 + m_1, \quad n_2 = 1 + m_2, \quad n_3 = 1 + m_3, \quad \ldots . n_\mu = 1 + m_\mu ;$$

pour avoir, d'abord, les valeurs (86) de N, N_1, N_2, N_3, etc., et ensuite l'expression (87) de la fonction φx, qui donnera l'intégration de l'équation aux différences (91).

Enfin, considérant l'accroissement ω comme indéfiniment petit, savoir, $\omega = dx$, si l'on a l'équation différentielle ... (93)

$$fx = C_0 . \varphi x + C_1 . \frac{d\varphi x}{dx} + C_2 . \frac{d^2 \varphi x}{dx^2} \ldots + C_\mu . \frac{d^\mu \varphi x}{dx^\mu},$$

l'équation (92) sera ... (94)

$$o = C_0 + C_1 \cdot \frac{n-1}{dx} + C_2 \cdot \left(\frac{n-1}{dx}\right)^2 \ldots + C_\mu \cdot \left(\frac{n-1}{dx}\right)^\mu ;$$

et désignant toujours les racines de cette dernière par m_1, m_2, m_3, ... m_μ, on aura

$$n_1 = 1 + m_1 . dx, \quad n_2 = 1 + m_2 . dx, \quad n_3 = 1 + m_3 . dx, \quad \ldots n_\mu = 1 + m_\mu . dx,$$

et par conséquent en général

$$n^{\frac{1}{\varpi}} = (1 + m . dx)^{\frac{1}{dx}} = e^m,$$

e étant le nombre philosophique de la théorie des logarithmes. Donc, substituant ces valeurs, d'abord dans les formules (86), on aura les quantités auxiliaires N, N_1, N_2, N_3, etc. (*), et ensuite dans la formule (87), en observant que $A_\mu = \frac{C_\mu}{dx^\mu}$, on obtiendra l'expression particulière ... (95)

$$\begin{aligned}
\nabla^{\varpi-1}\varphi x = \frac{(-dx)^{\mu-1}}{NC_\mu} \cdot \{ & N_1 . e^{xm_1} . \int [\nabla^\varpi \varphi x . e^{-xm_1} . dx] - \\
& - N_2 . e^{xm_2} . \int [\nabla^\varpi \varphi x . e^{-xm_2} . dx] + \\
& + N_3 . e^{xm_3} . \int [\nabla^\varpi \varphi x . e^{-xm_3} . dx] - \\
& - N_4 . e^{xm_4} . \int [\nabla^\varpi \varphi x . e^{-xm_4} . dx] + \\
& \ldots\ldots\ldots\ldots\ldots\ldots \\
& (-1)^{\mu-1} . N_\mu . e^{xm_\mu} . \int [\nabla^\varpi \varphi x . e^{-xm_\mu} . dx] \},
\end{aligned}$$

qui, dans le cas où $\varpi = 1$, donne immédiatement, en y substituant

---

(*) Nous ne pouvons nous arrêter ici à examiner, et encore moins à faciliter la détermination particulière que reçoivent alors les quantités N, N_1, N_2, etc. : peut-être le ferons-nous dans quelque autre occasion.

fx pour $\nabla\varphi x$, l'intégration de l'équation différentielle (93), et dans tout autre cas, l'intégration de l'équation ... (96)

$$\nabla^{\varpi}\varphi x = fx.$$

Cette dernière expression (95), et l'expression générale (87) dont elle dérive, qui, l'une et l'autre, se trouvent déduites d'une manière rigoureuse et non par induction, présentent, ce nous semble, d'une manière bien autrement simple, la solution des équations (96) et (89) de M. le comte Laplace, que ne le fait le procédé du Calcul des fonctions génératrices. La science n'a donc nullement besoin de ce procédé purement inductionnel.

Peut-être M. le comte Laplace fonde-t-il ses prétentions sur ce que, par son Calcul, il donne aussi la relation des fonctions ∇ à plusieurs ou du moins à deux variables, et par conséquent l'intégration des équations linéaires aux différences et différentielles partielles à coefficiens constans? — Mais ce fondement nous paraît moins solide encore. En effet, si, au lieu de ne considérer qu'une seule variable dans la génération particulière par numération, exposée sous la marque (83), on considère deux, trois, et en général plusieurs variables, on parvient, avec la même rigueur scientifique et avec la même simplicité, à la détermination de la relatiou des fonctions ∇ à plusieurs variables; et comparant alors ces résultats simples avec le procédé extrêmement compliqué que présente, dans ce cas, le Calcul des fonctions génératrices, on voit encore mieux l'inutilité de ce procédé, quand même il serait scientifiquement rigoureux et non un procédé purement inductionnel. — Voici le fait.

Soit, d'abord pour deux variables x et y, la fonction $\varphi(x, y)$ la fonction génératrice de la numération particulière dont il est question, et $\nabla\varphi(x, y)$ la fonction engendrée par cet algorithme, suivant le schéma ... (97)

$$\begin{aligned}\nabla^{\varpi}\varphi(x,y) = {} & A(0,0).\nabla^{\varpi-1}\varphi(x,y) + \\ & + A(1,0).\nabla^{\varpi-1}\varphi(x+\omega,y) + A(2,0).\nabla^{\varpi-1}\varphi(x+2\omega,y) \ldots + A(\mu,0).\nabla^{\varpi-1}\varphi(x+\mu\omega,y) \\ & + A(0,1).\nabla^{\varpi-1}\varphi(x,y+\eta) + A(1,1).\nabla^{\varpi-1}\varphi(x+\omega,y+\eta) \ldots + A(\mu-1,1).\nabla^{\varpi-1}\varphi(x+(\mu-1)\omega,y+\eta) \\ & + A(0,2).\nabla^{\varpi-1}\varphi(x,y+2\eta) \ldots + A(\mu-2,2).\nabla^{\varpi-1}\varphi(x+(\mu-2)\omega,y+2\eta) \\ & \ldots\ldots\ldots\ldots\ldots \\ & + A(0,\mu).\nabla^{\varpi-1}\varphi(x,y+\mu\eta);\end{aligned}$$

ω et η étant les accroissemens respectifs des variables x et y, et $A(0,0)$, $A(1,0)$, $A(0,1)$, etc. dénotant des coefficiens indépendans de ces variables. Or, si l'on forme l'équation ... (98)

$$0 = B_0 + B_1.n + B_2.n^2 + B_3.n^3 \ldots + B_\mu.n^\mu,$$

en faisant ... (99)

$$\begin{aligned} B_0 &= A(0,0) + A(0,1).p^{\eta} + A(0,2).p^{2\eta} + A(0,3).p^{3\eta} \ldots + A(0,\mu).p^{\mu\eta} \\ B_1 &= A(1,0) + A(1,1).p^{\eta} + A(1,2).p^{2\eta} \ldots + A(1,\mu-1).p^{(\mu-1)\eta} \\ B_2 &= A(2,0) + A(2,1).p^{\eta} + A(2,2).p^{2\eta} \ldots + A(2,\mu-2).p^{(\mu-2)\eta} \\ & \ldots\ldots\ldots\ldots\ldots \\ B_{\mu-1} &= A(\mu-1,0) + A(\mu-1,1).p^{\eta} \\ B_\mu &= A(\mu,0), \end{aligned}$$

p étant une quantité arbitraire; et si de plus, avec les racines n_1, n_2, n_3, ... n_μ de l'équation (98), on forme les quantités auxiliaires N, N_1, N_2, N_3, ... N_μ par les formules (86); on aura l'expression très simple ... (100)

$$\begin{aligned}\nabla^{\varpi-1}\varphi(x,y) = S.\frac{(-1)^{\mu-1}.p^{y}}{N.A(\mu,0)}.\Big\{ & N_1.n_1^{\frac{x}{\omega}}.\Sigma\left[\nabla^{\varpi}\varphi(x,y).\left(\frac{1}{n_1}\right)^{\frac{x}{\omega}}.\left(\frac{1}{p}\right)^{y}\right] - \\ & - N_2.n_2^{\frac{x}{\omega}}.\Sigma\left[\nabla^{\varpi}\varphi(x,y).\left(\frac{1}{n_2}\right)^{\frac{x}{\omega}}.\left(\frac{1}{p}\right)^{y}\right] + \end{aligned}$$

$$+ N_3 . n_3^{\frac{x}{\omega}} . \Sigma \left[\nabla^{\varpi} \varphi(x, y) . \left(\frac{1}{n_3}\right)^{\frac{x}{\omega}} . \left(\frac{1}{p}\right)^{y} \right] -$$

$$- N_4 . n_4^{\frac{x}{\omega}} . \Sigma \left[\nabla^{\varpi} \varphi(x, y) . \left(\frac{1}{n_4}\right)^{\frac{x}{\omega}} . \left(\frac{1}{p}\right)^{y} \right] +$$

. . . .

$$(-1)^{\mu-1} . N_\mu . n_\mu^{\frac{x}{\omega}} . \Sigma \left[\nabla^{\varpi} \varphi(x, y) . \left(\frac{1}{n_\mu}\right)^{\frac{x}{\omega}} . \left(\frac{1}{p}\right)^{y} \right] \Big\},$$

pour l'intégration de l'équation ... (101)

$$\nabla^{\varpi} \varphi(x,y) = 0,$$

qui est la grande question de M. le comte Laplace. — Il faut savoir que, dans cette expression, la caractéristique Σ désigne l'intégrale prise par rapport à l'accroissement ω de la seule variable x; que la lettre S désigne la somme d'autant d'expressions pareilles qu'on voudra, en variant la constante p et les constantes que donnent les intégrales Σ; et de plus que, partant de la valeur $\nabla^{\varpi} \varphi(x,y)=0$, les valeurs des fonctions consécutives $\nabla^{\varpi-1} \varphi(x,y)$, $\nabla^{\varpi-2} \varphi(x,y)$, $\nabla^{\varpi-3} \varphi(x,y)$, etc., seront, en vertu de cette expression même, de simples fonctions de x multipliées par p^y, de sorte que, dans tous les cas, les quantités contenues dans les crochets [ ] auxquels s'applique la caractéristique Σ, ne seront que des fonctions de x.

Telle (100) est donc aussi la solution très simple des équations linéaires aux différences partielles, impliquées dans l'équation (101); et cette solution est d'une rigueur scientifique absolue, comme nous allons le voir.

En nous rappelant que les quantités renfermées par les crochets [ ] auxquels s'applique la caractéristique Σ dans l'expression (100) en question, ne sont toujours que des fonctions de x, nous pouvons, pour abréger les expressions, faire

$$\Sigma\left[\nabla^{\varpi}\varphi(x,y).\left(\frac{1}{n_1}\right)^{\frac{x}{\omega}}.\left(\frac{1}{p}\right)^{y}\right]=\Sigma_1(x)$$

$$\Sigma\left[\nabla^{\varpi}\varphi(x,y).\left(\frac{1}{n_2}\right)^{\frac{x}{\omega}}.\left(\frac{1}{p}\right)^{y}\right]=\Sigma_2(x)$$

$$\Sigma\left[\nabla^{\varpi}\varphi(x,y).\left(\frac{1}{n_3}\right)^{\frac{x}{\omega}}.\left(\frac{1}{p}\right)^{y}\right]=\Sigma_3(x)$$

etc.;

et introduire cette abréviation dans la formule (100). Or, si l'on substitue, dans l'expression (97), les valeurs de $\nabla^{\varpi-1}\varphi(x,y)$, $\nabla^{\varpi-1}\varphi(x+\omega,y)$, $\nabla^{\varpi-1}\varphi(x,y+\eta)$, etc., données par la formule (100) dont il s'agit, et si l'on fait attention aux valeurs (99), on trouvera . . . (102)

$$\nabla^{\varpi}\varphi(x,y)=S.\frac{(-1)^{\mu-1}.p^{y}}{N.B_{\mu}}\times$$

$$\times\ \{N_1.n_1^{\frac{x}{\omega}}.[B_0.\Sigma_1(x)+B_1n_1.\Sigma_1(x+\omega)+B_2n_1^2.\Sigma_1(x+2\omega)\ldots+B_{\mu}n_1^{\mu}.\Sigma_1(x+\mu\omega)]-$$

$$-\ N_2.n_2^{\frac{x}{\omega}}.[B_0.\Sigma_2(x)+B_1n_2.\Sigma_2(x+\omega)+B_2n_2^2.\Sigma_2(x+2\omega)\ldots+B_{\mu}n_2^{\mu}.\Sigma_2(x+\mu\omega)]+$$

$$+\ N_3.n_3^{\frac{x}{\omega}}.[B_0.\Sigma_3(x)+B_1n_3.\Sigma_3(x+\omega)+B_2n_3^2.\Sigma_3(x+2\omega)\ldots+B_{\mu}n_3^{\mu}.\Sigma_3(x+\mu\omega)]-$$

. . . .

$$(-1)^{\mu-1}N_{\mu}.n_{\mu}^{\frac{x}{\omega}}.[B_0.\Sigma_{\mu}(x)+B_1n_{\mu}.\Sigma_{\mu}(x+\omega)+B_2n_{\mu}^2.\Sigma_{\mu}(x+2\omega)\ldots+B_{\mu}n_{\mu}^{\mu}.\Sigma_{\mu}(x+\mu\omega)]\}.$$

Mais, comme plus haut pour l'expression (88), on a ici généralement

$$\Sigma(x+\omega)=\Sigma(x)+\Delta\Sigma(x)$$
$$\Sigma(x+2\omega)=\Sigma(x)+\Delta\Sigma(x)+\Delta\Sigma(x+\omega)$$
$$\ldots\ldots\ldots\ldots\ldots\ldots\ldots\ldots$$
$$\Sigma(x+\mu\omega)=\Sigma(x)+\Delta\Sigma(x)+\Delta\Sigma(x+\omega)+\Delta\Sigma(x+2\omega)\ldots+\Delta\Sigma(x+(\mu-1)\omega);$$

et de plus,

$$\Delta\Sigma(x)=\nabla^{\varpi}\varphi(x,y)\cdot\left(\frac{1}{n}\right)^{\frac{x}{\omega}}\cdot\left(\frac{1}{p}\right)^{y}$$

$$\Delta\Sigma(x+\omega)=\frac{1}{n}\cdot\nabla^{\varpi}\varphi(x+\omega,y)\cdot\left(\frac{1}{n}\right)^{\frac{x}{\omega}}\cdot\left(\frac{1}{p}\right)^{y}$$

$$\Delta\Sigma(x+2\omega)=\frac{1}{n^2}\cdot\nabla^{\varpi}\varphi(x+2\omega,y)\cdot\left(\frac{1}{n}\right)^{\frac{x}{\omega}}\cdot\left(\frac{1}{p}\right)^{y}$$

$$\ldots\ldots\ldots\ldots\ldots\ldots\ldots\ldots$$

$$\Delta\Sigma(x+(\mu-1)\omega)=\frac{1}{n^{\mu-1}}\cdot\nabla^{\varpi}\varphi(x+(\mu-1)\omega,y)\cdot\left(\frac{1}{n}\right)^{\frac{x}{\omega}}\cdot\left(\frac{1}{p}\right)^{y}.$$

Ainsi, en substituant ces valeurs dans l'expression (102), et en faisant attention, d'une part, à l'équation (98) qui donne les racines n_1, n_2, $n_3, \ldots n_\mu$, et de l'autre part, aux relations (88)′ des quantités N_1, N_2, N_3, etc. et n_1, n_2, n_3, etc., on trouvera que l'expression (102) se réduit à celle-ci ... (102)′

$$\nabla^{\varpi}\varphi(x,y)=\frac{(-1)^{\mu-1}}{N}\cdot\left\{N_1.n_1^{\mu}-N_2.n_2^{\mu}+N_3.n_3^{\mu}\ldots(-1)^{\mu-1}.N_\mu.n_\mu^{\mu}\right\}.\nabla^{\varpi}\varphi(x,y);$$

et faisant de plus attention à la relation (88)‴ des quantités N, N_1, N_2, etc. et n_1^μ, n_2^μ, n_3^μ, etc., on verra que cette dernière expression (102)′ est réellement identique, et par conséquent que la formule (100) est rigoureusement vraie (*).

(*) Il faut cependant observer que, lorsque $\nabla^{\varpi}\varphi(x,y)$ n'est pas $=0$, l'identité (102)′ ne s'etablit qu'en négligeant la somme arbitraire S.

Cette formule (100), en y négligeant la considération de la somme arbitraire dénotée par S, donne $(\varpi\mu + 1)$ constantes arbitraires; ce qui, comme on le sait et comme nous en avons indiqué ailleurs les principes métaphysiques, forme un des deux systèmes complets d'intégration de l'équation (101) et des équations linéaires aux différences partielles, impliquées dans l'équation (101). Pour passer au second système qui, à la place des constantes arbitraires, contient des fonctions arbitraires, on pourrait procéder suivant la voie théorique connue, en considérant ces constantes comme étant des variables, et en les déterminant par les équations de condition qui ont lieu pour la possibilité de l'élimination de ces fonctions arbitraires. Mais, dans le cas présent, on peut facilement déduire ces fonctions arbitraires de l'expression (100) elle-même; en sorte que, comme nous l'avons avancé plus haut, cette expression très simple contient réellement la solution générale de la grande question (101) de M. le comte Laplace. — Voici cette déduction.

Soit immédiatement $\varpi = 1$, l'équation (101) dont il s'agit, sera ... (103)

$$0 = \nabla\varphi(x, y);$$

et la formule (100) donnera, pour son intégration, l'expression ... (104)

$$\varphi(x, y) = S . p^y \left\{ M_1 . n_1^{\frac{x}{\omega}} + M_2 . n_2^{\frac{x}{\omega}} + M_3 . n_3^{\frac{x}{\omega}} \dots + M_\mu . n_\mu^{\frac{x}{\omega}} \right\};$$

M_1, M_2, M_3, ... M_μ étant des constantes arbitraires provenant des constantes arbitraires des intégrales Σ, multipliées respectivement par les quantités

$$\frac{(-1)^{\mu-1} . N_1}{N . A(\mu, 0)}, \quad \frac{(-1)^{\mu-1} . N_2}{N . A(\mu, 0)}, \quad \dots . \frac{(-1)^{\mu-1} . N_\mu}{N . A(\mu, 0)},$$

et S dénotant toujours la somme d'autant d'expressions pareilles qu'on voudra, en variant la quantité p et les constantes M_1, M_2, M_3,

... M_μ. Or, les quantités n_1, n_2, n_3, etc. qui, en vertu des expressions (99), sont des fonctions de p'', peuvent être développées par rapport aux puissances de cette dernière quantité; de sorte que, faisant ... (105)

$$n_1^{\frac{x}{\omega}} = z_1, \quad n_2^{\frac{x}{\omega}} = z_2, \quad n_3^{\frac{x}{\omega}} = z_3, \quad \ldots \; n_\mu^{\frac{x}{\omega}} = z_\mu,$$

l'expression (104) deviendra ... (106)

$$\varphi(x, y) =$$

$$= \left\{\dot{z}_1 . S(M_1 p^y) + \frac{1}{1}.\left(\frac{d\dot{z}_1}{dq}\right).S(M_1 p^{y+n}) + \frac{1}{1.2}.\left(\frac{d^2\dot{z}_1}{dq^2}\right).S(M_1 p^{y+2n}) + \text{etc.}\right\}$$

$$+ \left\{\dot{z}_2 . S(M_2 p^y) + \frac{1}{1}.\left(\frac{d\dot{z}_2}{dq}\right).S(M_2 p^{y+n}) + \frac{1}{1.2}.\left(\frac{d^2\dot{z}_2}{dq^2}\right).S(M_2 p^{y+2n}) + \text{etc.}\right\}$$

$$+ \left\{\dot{z}_3 . S(M_3 p^y) + \frac{1}{1}.\left(\frac{d\dot{z}_3}{dq}\right).S(M_3 p^{y+n}) + \frac{1}{1.2}.\left(\frac{d^2\dot{z}_3}{dq^2}\right).S(M_3 p^{y+2n}) + \text{etc.}\right\}$$

. . . .

$$+ \left\{\dot{z}_\mu . S(M_\mu p^y) + \frac{1}{1}.\left(\frac{d\dot{z}_\mu}{dq}\right).S(M_\mu p^{y+n}) + \frac{1}{1.2}.\left(\frac{d^2\dot{z}_\mu}{dq^2}\right).S(M_\mu p^{y+2n}) + \text{etc.}\right\};$$

en désignant p'' par q, et en marquant, par le point placé sur z, qu'il faut y faire $q = 0$, c'est-à-dire $p'' = 0$, après les différentiations. De plus, puisque chaque somme $S(M_\rho p^{y+rn})$ forme la quantité indéfinie

$$S(M_\rho . p^{y+rn}) = M_\rho^{(1)} . p_1^{y+rn} + M_\rho^{(2)} . p_2^{y+rn} + M_\rho^{(3)} . p_3^{y+rn} + \text{etc. à l'indéfini},$$

dans laquelle $M_\rho^{(1)}$, $M_\rho^{(2)}$, $M_\rho^{(3)}$, etc. et p_1, p_2, p_3, etc. sont autant de constantes arbitraires; on aura généralement ... (107)

$$S(M_\rho . p^{y+rn}) = f_\rho(y + rn),$$

f_ρ dénotant une fonction arbitraire. Donc, l'expression (106) sera ... (108)

$$\varphi(x,y) =$$

$$= \Sigma\left\{\frac{1}{1^{r|1}}\cdot\left[\left(\frac{d^r z_1}{dq^r}\right).f_1(y+r\eta)+\left(\frac{d^r z_2}{dq^r}\right).f_2(y+r\eta)\ldots+\left(\frac{d^r z_\mu}{dq^r}\right).f_\mu(y+r\eta)\right]\right\};$$

l'intégrale Σ étant prise par rapport à l'accroissement 1 de r, depuis $r=0$, jusqu'à $r=+\infty$; ou plutôt depuis $r=-\infty$, jusqu'à $r=+\infty$, par la généralité qu'on doit donner à cette expression, pour satisfaire en tout à l'expression fondamentale (104).

Telle est donc l'intégration de l'équation (103), contenant μ fonctions arbitraires $f_1(y+r\eta)$, $f_2(y+r\eta)$, ... $f_\mu(y+r\eta)$. — Mais, cette expression (108) implique des intégrales Σ indéfinies; et l'on peut encore, pour l'intégration en question, tirer, de la formule (100), et particulièrement de la formule (104), une expression qui ne contienne que des intégrales définies, ainsi que nous allons le faire.

En prenant, dans l'équation (98), savoir,

$$0 = B_0 + B_1.n + B_2.n^2 + B_3.n^3 \ldots + B_\mu.n^\mu,$$

les μ racines n_1, n_2, n_3, ... n_μ, si, d'après l'esprit de la transformation indiquée plus haut sous les marques (72), (73) et (74), on veut construire la quantité ... (109)

$$n^\zeta = Z_1 + Z_2.n + Z_3.n^2 + Z_4.n^3 \ldots + Z_\mu.n^{\mu-1};$$

on trouvera, pour les coefficiens Z_1, Z_2, Z_3, etc. les valeurs suivantes ... (110)

$$Z_1 = \frac{\varpi[(n_{\nu 1})^{\zeta+1}.(n_{\nu 2})^2.(n_{\nu 3})^3.(n_{\nu 4})^4 \ldots (n_{\nu\mu})^\mu]}{\varpi[(n_{\nu 1})^1.(n_{\nu 2})^2.(n_{\nu 3})^3.(n_{\nu 4})^4 \ldots (n_{\nu\mu})^\mu]}$$

$$Z_2 = \frac{\varpi[(n_{\nu 1})^1.(n_{\nu 2})^{\zeta+1}.(n_{\nu 3})^3.(n_{\nu 4})^4 \ldots (n_{\nu\mu})^\mu]}{\varpi[(n_{\nu 1})^1.(n_{\nu 2})^2.(n_{\nu 3})^3.(n_{\nu 4})^4 \ldots (n_{\nu\mu})^\mu]}.$$

$$Z_3 = \frac{\mathfrak{w}\,[(n_{\nu 1})^1.(n_{\nu 2})^2.(n_{\nu 3})^{\zeta+1}.(n_{\nu 4})^4 \ldots (n_{\nu\mu})^\mu]}{\mathfrak{w}\,[(n_{\nu 1})^1.(n_{\nu 2})^2.(n_{\nu 3})^3.(n_{\nu 4})^4 \ldots (n_{\nu\mu})^\mu]}$$

. . . .

$$Z_\mu = \frac{\mathfrak{w}\,[(n_{\nu 1})^1.(n_{\nu 2})^2.(n_{\nu 3})^3 \ldots (n_{\nu(\mu-1)})^{\mu-1}.(n_{\nu\mu})^{\zeta+1}]}{\mathfrak{w}\,[(n_{\nu 1})^1.(n_{\nu 2})^2.(n_{\nu 3})^3 \ldots (n_{\nu(\mu-1)})^{\mu-1}.(n_{\nu\mu})^\mu]} \;(*),$$

les sommes combinatoires $\mathfrak{w}$ dépendant ici de la permutation des indices $\nu 1$, $\nu 2$, $\nu 3$, ... $\nu\mu$, auxquels on donnera les valeurs

$$\nu 1 = 1, \quad \nu 2 = 2, \quad \nu 3 = 3, \quad \ldots \nu(\mu-1) = \mu-1, \quad \nu\mu = \mu.$$

Par exemple, lorsque $\mu = 2$, on aura ... (111)

$$Z_1 = \frac{n_1^{\zeta+1}.n_2^2 - n_2^{\zeta+1}.n_1^2}{n_1.n_2^2 - n_2.n_1^2} = \frac{n_1 n_2 (n_1^{\zeta-1} - n_2^{\zeta-1})}{n_2 - n_1},$$

$$Z_2 = \frac{n_1.n_2^{\zeta+1} - n_2.n_1^{\zeta+1}}{n_1.n_2^2 - n_2.n_1^2} = \frac{n_2^\zeta - n_1^\zeta}{n_2 - n_1},$$

pour le développement particulier

$$n^\zeta = Z_1 + Z_2.n;$$

en supposant que la quantité n se trouve déterminée par l'équation particulière

$$0 = B_0 + B_1.n + B_2.n^2.$$

Or, les coefficiens B_0, B_1, B_2, B_3, ... B_μ de l'équation générale (98) étant des fonctions de p'', comme on le voit dans leurs expressions marquées (99), les racines n_1, n_2, n_3, ... n_μ de cette équation générale, et par conséquent les quantités précédentes Z_1, Z_2, Z_3,

(*) Nous ne pouvons nous arrêter ici à la simplification dont ces expressions sont susceptibles.

... Z_μ qui sont fonctions de ces racines, seront aussi des fonctions de p''. Mais, vu la nature des quantités (99) formant les coefficiens B_0, B_1, B_2, etc., et vu de plus la nature de l'expression (109) de n^ζ, il est clair que, lorsque ζ est un nombre positif entier et plus grand que $(\mu - 1)$, les coefficiens Z_1, Z_2, Z_3, ... Z_μ de l'expression (109), étant développés par rapport aux puissances de p'' ou q, ne peuvent contenir respectivement des puissances plus élevées que p''^ζ ou q^ζ dans Z_1, $p''^{(\zeta-1)}$ ou $q^{\zeta-1}$ dans Z_2, $p''^{(\zeta-2)}$ ou $q^{\zeta-2}$ dans Z_3, etc., et généralement $p''^{(\zeta-\varpi+1)}$ ou $q^{\zeta-\varpi+1}$ dans Z_ϖ; de sorte qu'alors, pour un coefficient quelconque Z_ϖ, on aura généralement ... (112)

$$\left(\frac{d^{\zeta-\varpi+\pi}Z_\varpi}{dq^{\zeta-\varpi+\pi}}\right) = 0,$$

toutes les fois que $\pi > 1$, en faisant $q = 0$, c'est-à-dire $p'' = 0$, après la différentiation (*). — C'est là tout ce qu'il faut pour arriver à la solution de notre question.

En effet, faisant ... (113)

$$N = \mathfrak{V}\left[(n_{\nu 1}) . (n_{\nu 2})^2 . (n_{\nu 3})^3 \; . \; . \; . \; (n_{\nu\mu})^\mu\right],$$

et développant les numérateurs des expressions (110), on trouvera, pour le coefficient général Z_ϖ, l'expression ... (114)

$$Z_\varpi = \frac{1}{N} . \left\{N_1^{(\varpi)} . n_1^\zeta + N_2^{(\varpi)} . n_2^\zeta + N_3^{(\varpi)} . n_3^\zeta \ldots + N_\mu^{(\varpi)} . n_\mu^\zeta\right\};$$

(*) On pourrait s'assurer immédiatement de cette dernière valeur (112), par les expressions (110) des quantités Z_1, Z_2, Z_3, etc. En effet, on trouverait que ces quantités sont des fonctions symétriques des racines n_1, n_2, n_3, etc. de l'équation (98), et par conséquent, des fonctions rationnelles des coefficiens B_0, B_1, B_2, etc. de cette équation. Donc, etc., etc.

$N_1^{(\varpi)}$, $N_2^{(\varpi)}$, $N_3^{(\varpi)}$, ... $N_\mu^{(\varpi)}$ étant des fonctions des racines n_1, n_2, n_3, ... n_μ, indépendantes de la quantité ζ. Donc, puisque les quantités M_1, M_2, M_3, ... M_μ dans l'expression (104) sont des constantes arbitraires, si l'on fait

$$M_1 = \frac{N_1^{(\varpi)}}{N} . P_\varpi, \quad M_2 = \frac{N_2^{(\varpi)}}{N} . P_\varpi, \quad \ldots M_\mu = \frac{N_\mu^{(\varpi)}}{N} . P_\varpi,$$

P_ϖ étant une nouvelle constante arbitraire, et si l'on fait de plus...(115)

$$\zeta = \frac{x}{\omega},$$

l'expression (104) deviendra d'abord en général ... (116)

$$\varphi(x, y) = S.(P_\varpi . p_\varpi^y Z_\varpi);$$

p_ϖ étant la constante arbitraire que, jusqu'ici, nous avons désignée par p. Et, si l'on observe que la somme S admet un nombre quelconque d'expressions pareilles, on verra que l'expression précédente (116) devient ... (117)

$$\varphi(x, y) = S.(P_1 . p_1^y Z_1) + S.(P_2 . p_2^y Z_2) + S.(P_3 . p_3^y Z_3) \ldots \\ \ldots + S.(P_\mu . p_\mu^y Z_\mu);$$

où P_1, P_2, P_3, ... P_μ, p_1, p_2, p_3, p_μ sont autant de quantités arbitraires, et Z_1, Z_2, Z_3, ... Z_μ les fonctions données par les expressions (110), pourvu qu'on y mette $\frac{x}{\omega}$ à la place de ζ, et qu'on observe que la quantité p qui y entre généralement, doit être p_1, p_2, p_3, ... p_μ dans les expressions respectives de Z_1, Z_2, Z_3, ... Z_μ.

Maintenant, si l'on développe les fonctions Z_1, Z_2, Z_3, etc. par rapport aux puissances de p^n ou de q, l'expression (117) deviendra...(118)

$$\varphi(x,y) = \Sigma\left\{\frac{1}{1^{r|1}}\cdot\left[\left(\frac{d^r\dot{Z}_1}{dq_1^r}\right).S(P_1.p_1^{y+rn}) + \left(\frac{d^r\dot{Z}_2}{dq_2^r}\right).S(P_2.p_2^{y+rn}) + \right.\right.$$

$$\left.\left. + \left(\frac{d^r\dot{Z}_3}{dq_3^r}\right).S(P_3.p_3^{y+rn})\ldots + \left(\frac{d^r\dot{Z}_\mu}{dq_\mu^r}\right).S(P_\mu.p_\mu^{y+rn})\right]\right\},$$

en faisant en particulier

$$p_1^n = q_1, \quad p_2^n = q_2, \quad p_3^n = q_3, \quad \ldots p_\mu^n = q_\mu,$$

et en marquant par le point placé sur Z qu'il faut, après les différentiations, faire respectivement $p_1^n = 0$ dans Z_1, $p_2^n = 0$ dans Z_2, $p_3^n = 0$ dans Z_3, ... $p_\mu^n = 0$ dans Z_μ. Quant à la caractéristique Σ, elle dénote visiblement l'intégrale qu'il faut prendre par rapport à l'accroissement 1 de r, depuis $r = 0$ jusqu'à $r = \infty$, ou même, suivant l'observation faite plus haut, depuis $r = -\infty$ jusqu'à $r = +\infty$. Mais, en vertu de l'expression (107), on a généralement

$$S(P_\varpi.p_\varpi^{y+rn}) = f_\varpi(y+rn),$$

f_ϖ désignant une fonction arbitraire; et en vertu de l'expression (112) on a

$$\left(\frac{d^r Z_\varpi}{dq_\varpi^r}\right) = 0,$$

toutes les fois que $r > \zeta - \varpi + 1$, et que ζ se trouve être un nombre positif entier et plus grand que $(\mu - 1)$; et enfin, en vertu de la théorie des factorielles, on a $\frac{1}{1^{r|1}} = 0$, lorsque r est négatif. Donc, ayant égard à ce que $\zeta = \frac{x}{\omega}$, on aura, pour un nombre quelconque x, l'expression ... (119)

$$\varphi(x,y) = \Sigma_\zeta \left\{ \frac{1}{1^{r|1}} \cdot \left(\frac{d^r \dot{Z}_1}{dq_1^r}\right) . f_1(y + r\eta) \right\}$$

$$+ \Sigma_{\zeta-1} \left\{ \frac{1}{1^{r|1}} \cdot \left(\frac{d^r \dot{Z}_2}{dq_2^r}\right) . f_2(y + r\eta) \right\}$$

$$+ \Sigma_{\zeta-2} \left\{ \frac{1}{1^{r|1}} \cdot \left(\frac{d^r \dot{Z}_3}{dq_3^r}\right) . f_3(y + r\eta) \right\}$$

$$\dots\dots\dots\dots\dots\dots$$

$$+ \Sigma_{\zeta-\mu+1} \left\{ \frac{1}{1^{r|1}} \cdot \left(\frac{d^r \dot{Z}_\mu}{dq_\mu^r}\right) . f_\mu(y + r\eta) \right\};$$

$f_1, f_2, f_3, \dots f_\mu$ désignant μ fonctions arbitraires de $(y + r\eta)$, et les caractéristiques Σ_ζ, $\Sigma_{\zeta-1}$, $\Sigma_{\zeta-2}$, etc. indiquant des intégrales définies, prises par rapport à l'accroissement 1 de r, généralement depuis $r = 0$, et particulièrement jusqu'à $r = \zeta$ dans Σ_ζ, jusqu'à $r = \zeta - 1$ dans $\Sigma_{\zeta-1}$, jusqu'à $r = \zeta - 2$ dans $\Sigma_{\zeta-2}$, et jusqu'à $r = \zeta - \mu + 1$ dans $\Sigma_{\zeta-\mu+1}$.

Telle est donc l'intégration complète et définie de l'équation (103), savoir

$$0 = \nabla\varphi(x, y),$$

formant le grand problème de M. le comte Laplace ; et l'on voit que cette intégration se trouve donnée, de la manière la plus rigoureuse et tout-à-fait théorique, par l'expression très simple (100) qui constitue un des chaînons de la relation générale des fonctions dénotées par $\nabla^{\varpi-1}$ et ∇^{ϖ}, et par conséquent de l'intégration des équations $0 = \nabla^{\varpi}\varphi(x, y)$.

Quant à l'expression, en fonctions de r, des quantités

$$\left(\frac{d^r \dot{Z}_1}{dq_1^r}\right), \quad \left(\frac{d^r \dot{Z}_2}{dq_2^r}\right), \quad \dots \left(\frac{d^r \dot{Z}_\mu}{dq_\mu^r}\right),$$

qui entrent dans la formule précédente (119), lorsqu'on ne veut pas résoudre l'équation (98) pour avoir immédiatement les expressions (110) de Z_1, Z_2, Z_3, ... Z_μ en fonctions de p^n ou q, ce qui est évidemment le procédé direct, on peut y parvenir, entre autres moyens indirects, par le procédé ingénieux (*) que M. le comte Laplace indique (à la page 59 de la *Théorie des Probabil.*) pour le même objet; procédé qui n'est point fondé, comme le pense M. le comte, sur le Calcul des fonctions génératrices, mais bien sur ce qu'on nomme *méthode des coefficiens indéterminés*, savoir, sur ce qu'une fonction quelconque d'une variable u étant égale à zéro, tous les coefficiens de son développement par rapport aux puissances de u, sont nécessairement zéro. Mais lorsque, suivant le procédé direct que nous venons d'indiquer, on résout l'équation (98), et qu'on obtient ainsi les expressions (110) de Z_1, Z_2, Z_3, etc. en fonctions de p^n, on peut arriver immédiatement, et cela de mille manières, à l'expression des quantités

(*) La franchise avec laquelle nous aimons à présenter la vérité, pourrait encore ici, comme nous l'avons déja remarqué à une autre occasion, nous faire soupçonner de méconnaître le génie mathématique de M. le comte Laplace : ce serait un tort que nous ferait le lecteur. Il ne s'agit, dans cet ouvrage, que de la TENDANCE PHILOSOPHIQUE de cet illustre géomètre; tendance qui, plus que son génie mathématique, paraît avoir engendré le *Calcul des fonctions génératrices*, ou du moins paraît avoir étendu ce Calcul bien au-delà de ses véritables limites, celles d'une simple *méthode de transformation*, en voulant le constituer, en quelque sorte, instrument universel de l'Algorithmie. — A notre avis, rien ne prouve mieux l'esprit mathématique supérieur de M. le comte Laplace, que l'usage qu'il fait de cette fausse méthode, en la faisant valoir par mille artifices, étrangers à cette méthode et éminemment ingénieux; mais aussi, par contre-coup, plus ces artifices prouvent pour le génie de l'auteur, moins ils prouvent pour la méthode qui en a besoin, et par conséquent pour la tendance philosophique qui a engendré cette méthode.

$$\left(\frac{d^r Z_1}{dq_1^r}\right), \quad \left(\frac{d^r Z_2}{dq_2^r}\right), \quad \ldots \left(\frac{d^r Z_\mu}{dq_\mu^r}\right),$$

en fonctions de n; de sorte qu'alors il n'est point nécessaire d'intégrer une équation linéaire aux différences finies, intégration qu'exige le procédé de M. le comte Laplace, et par conséquent, ce qu'il faut bien remarquer, que cette intégration n'est qu'une condition relative ou contingente, et non, comme paraît le croire M. le comte, une condition absolue ou nécessaire du problème dont il est question. — Par exemple, lorsque l'équation proposée (103) est simplement ... (103)'

$$o = A.\varphi(x,y) + B.\varphi(x+\omega,y) + C.\varphi(x,y+\eta);$$

l'équation générale (98) qui sera alors ... (98)'

$$o = (A + C.p^{\eta}) + B.n,$$

donnera

$$n_1 = -\frac{A + C.p^{\eta}}{B};$$

et les expressions (110) donneront

$$Z_1 = n_1^{\zeta} = \left(-\frac{1}{B}\right)^{\zeta}.(A + C.p^{\eta})^{\zeta};$$

d'où l'on tire immédiatement

$$\left(\frac{d^r Z_1}{dq^r}\right) = \left(-\frac{1}{B}\right)^{\zeta}.\zeta^{r|-1}.(A + C.p^{\eta})^{\zeta-r}.C^r.$$

Faisant alors $q=o$ ou $p^{\eta}=o$, et $\zeta=\frac{x}{\omega}$, la formule (119) donnera, pour l'intégration de l'équation (103)', l'expression ... (119)'

$$\varphi(x,y) = \left(-\frac{1}{B}\right)^{\frac{x}{\omega}}.\Sigma\left\{\frac{x^{r|-\omega}}{1^{r|1}}.A^{\frac{x-\omega r}{\omega}}.\left(\frac{C}{\omega}\right)^r.f(y+r\eta)\right\};$$

l'intégrale Σ devant être prise depuis $r=o$ jusqu'à $r=\frac{x}{\omega}$.

Le moyen de passer du fini à l'infiniment petit, des équations aux différences à celles aux différentielles, est ici visiblement le même que celui que nous avons exposé ci-dessus pour les fonctions ∇ à une seule variable. En effet, l'expression fondamentale (97) étant développée par rapport aux différences de la fonction $\nabla^{\varpi - 1}\varphi(x, y)$, et l'équation correspondante (98) étant développée par rapport aux puissances des quantités $(n-1)$ et $(p^{n}-1)$, les coefficiens respectifs se trouvent identiques : on pourra donc déterminer les valeurs de n_1, n_2, n_3, etc., qui, étant substituées dans les formules (100), (108) ou même (119), donneront la solution demandée. — Par exemple, l'équation (103)′ étant développée par rapport aux différences, devient

$$0 = (A + B + C).\varphi(x,y) + B.\Delta_x\varphi(x,y) + C.\Delta_y\varphi(x,y),$$

en désignant par Δ_x et Δ_y les différences prises respectivement par rapport aux variables x et y; et l'équation (98)′ développée par rapport aux puissances de $(n-1)$ et de $(p^{n}-1)$, devient

$$0 = (A + B + C) + B.(n-1) + C.(p^{n}-1).$$

Si l'on a donc l'équation aux différentielles partielles ... (103)″

$$0 = P.\varphi(x,y) + Q.\frac{d\varphi(x,y)}{dx} + R.\frac{d\varphi(x,y)}{dy};$$

on aura l'équation

$$0 = P + Q.\frac{n-1}{dx} + R.\frac{p^{n}-1}{dy},$$

qui donne

$$\frac{n-1}{dx} = -\frac{P + R.\frac{p^{n}-1}{dy}}{Q}.$$

Et puisqu'alors $\omega = dx$, $\nu = dy$, on aura $p^{\nu} = 1 + Lp.dy$; et par conséquent

$$n = 1 - \frac{P + R.Lp}{Q}.dx;$$

qui donnera

$$n^{\frac{x}{\omega}} = e^{-\frac{x(P+R.Lp)}{Q}} = e^{-\frac{xP}{Q}}.p^{-\frac{xR}{Q}},$$

savoir,

$$z_1 = n_1^{\frac{x}{\omega}} = e^{-\frac{xP}{Q}}.p^{-\frac{xR}{Q}}.$$

Or, la quantité $\left(\frac{d^r z_1}{dp^r}\right)$, en y faisant $p = 0$ après les différentiations, ne donne une valeur déterminée que lorsque $r = -\frac{xR}{Q}$; et l'on a alors

$$\left(\frac{d^r z_1}{dp^r}\right) = e^{-\frac{xP}{Q}}.\left(-\frac{xR}{Q}\right)^{-\frac{xR}{Q}|-1} = e^{-\frac{xP}{Q}}.1^{-\frac{xR}{Q}|1}.$$

Donc, si, dans les formules (106) et (108), on considère les développemens des quantités z comme procédant par rapport à la simple puissance de p, ce qu'il est possible de faire, la formule (108) donnera, pour le cas présent, l'expression

$$\varphi(x, y) = \Sigma\left\{\frac{1}{1^{r|1}}.\left(\frac{d^r z_1}{dp^r}\right).f_1(y + r)\right\},$$

qui, pour la seule valeur possible de r, savoir, $r = -\frac{xR}{Q}$, devient ... (108)'

$$\varphi(x,y) = e^{-\frac{xP}{Q}} . f_1\left(\frac{Qy - Rx}{Q}\right); \text{ (*)}$$

et telle est l'intégration de l'équation aux différentielles partielles (103)''.

Ce que nous venons de dire sur la relation des fonctions ∇^{ϖ} et $\nabla^{\varpi-1}$ à une et à deux variables, suffit, en comparant les deux expressions fondamentales (87) et (100), pour établir complètement la théorie de cette relation entre des fonctions pareilles d'un nombre quelconque de variables. Ainsi, pour le cas général de la relation des fonctions ∇^{ϖ} et $\nabla^{\varpi-1}$ à un nombre quelconque de variables, nous pouvons, sans entrer dans aucune explication ultérieure, nous borner à exposer les simples résultats que voici.

Soit $\varphi(x_1, x_2, x_3, \ldots x_m)$ une fonction d'un nombre m de variables $x_1, x_2, x_3, \ldots x_m$; et soit, suivant toujours l'algorithme de la numération, l'expression ... (120)

$$\nabla^{\varpi}\varphi(x_1, x_2, x_3, \ldots x_m) =$$

$$= A(0, 0, 0, \ldots 0).\nabla^{\varpi-1}\varphi(x_1, x_2, x_3, \ldots x_m) +$$

$$+\begin{cases} A(1, 0, 0, \ldots 0).\nabla^{\varpi-1}\varphi(x_1 + \omega_1, x_2, x_3, \ldots x_m) \\ A(0, 1, 0, \ldots 0).\nabla^{\varpi-1}\varphi(x_1, x_2 + \omega_2, x_3, \ldots x_m) \\ A(0, 0, 1, \ldots 0).\nabla^{\varpi-1}\varphi(x_1, x_2, x_3 + \omega_3, \ldots x_m) \\ \ldots\ldots\ldots\ldots\ldots\ldots\ldots\ldots \\ A(0, 0, 0, \ldots 1).\nabla^{\varpi-1}\varphi(x_1, x_2, x_3, \ldots x_m + \omega_m) \end{cases}$$

(*) On aurait pu tirer cette expression immédiatement de la formule (104), en y substituant la valeur de $n^{\frac{x}{\omega}}$, savoir,

$$n^{\frac{x}{\omega}} = e^{-\frac{xP}{Q}} . p^{-\frac{xR}{Q}}.$$

$$+\left\{\begin{array}{l}A(2,0,0,\ldots 0).\nabla^{\varpi-1}\varphi(x_1+2\omega_1, x_2, x_3, \ldots x_m)\\A(1,1,0,\ldots 0).\nabla^{\varpi-1}\varphi(x_1+\omega_1, x_2+\omega_2, x_3, \ldots x_m)\\A(0,2,0,\ldots 0).\nabla^{\varpi-1}\varphi(x_1, x_2+2\omega_2, x_3, \ldots x_m)\\A(1,0,1,\ldots 0).\nabla^{\varpi-1}\varphi(x_1+\omega_1, x_2, x_3+\omega_3, \ldots x_m)\\A(0,1,1,\ldots 0).\nabla^{\varpi-1}\varphi(x_1, x_2+\omega_2, x_3+\omega_3, \ldots x_m)\\A(0,0,2,\ldots 0).\nabla^{\varpi-1}\varphi(x_1, x_2, x_3+2\omega_3, \ldots x_m)\\\ldots\ldots\ldots\ldots\ldots\ldots\ldots\ldots\\A(0,0,0,\ldots 2).\nabla^{\varpi-1}\varphi(x_1, x_2, x_3, \ldots x_m+2\omega_m)\end{array}\right.$$

$$+\left\{\begin{array}{l}A(3,0,0,\ldots 0).\nabla^{\varpi-1}\varphi(x_1+3\omega_1, x_2, x_3, \ldots x_m)\\A(2,1,0,\ldots 0).\nabla^{\varpi-1}\varphi(x_1+2\omega_1, x_2+\omega_2, x_3, \ldots x_m)\\A(1,2,0,\ldots 0).\nabla^{\varpi-1}\varphi(x_1+\omega_1, x_2+2\omega_2, x_3, \ldots x_m)\\A(0,3,0,\ldots 0).\nabla^{\varpi-1}\varphi(x_1, x_2+3\omega_2, x_3, \ldots x_m)\\\ldots\ldots\ldots\ldots\ldots\ldots\ldots\ldots\\A(0,0,0,\ldots 3).\nabla^{\varpi-1}\varphi(x_1, x_2, x_3, \ldots x_m+3\omega_m)\end{array}\right.$$

. . . .

. . . .

$$+\left\{\begin{array}{l}A(\mu,0,0,\ldots 0).\nabla^{\varpi-1}\varphi(x_1+\mu\omega_1, x_2, x_3, \ldots x_m)\\A(\mu-1,1,0,\ldots 0).\nabla^{\varpi-1}\varphi(x_1+(\mu-1)\omega_1, x_2+\omega_2, x_3, \ldots x_m)\\A(\mu-2,2,0,\ldots 0).\nabla^{\varpi-1}\varphi(x_1+(\mu-2)\omega_1, x_2+2\omega_2, x_3, \ldots x_m)\\\ldots\ldots\ldots\ldots\ldots\ldots\ldots\ldots\\A(0,\mu,0,\ldots 0).\nabla^{\varpi-1}\varphi(x_1, x_2+\mu\omega_2, x_3, \ldots x_m)\\\ldots\ldots\ldots\ldots\ldots\ldots\ldots\ldots\\A(0,0,0,\ldots \mu).\nabla^{\varpi-1}\varphi(x_1, x_2, x_3, \ldots x_m+\mu\omega_m);\end{array}\right.$$

$\omega_1, \omega_2, \omega_3, \ldots \omega_m$ étant les accroissemens respectifs des variables x_1, $x_2, x_3, \ldots x_m$, et $A(0,0,0,\ldots 0)$, $A(1,0,0,\ldots 0)$, $A(0,1,0\ldots 0)$, $A(0,0,1,\ldots 0)$, etc. dénotant les coefficiens indépendans de ces variables. — C'est la relation des fonctions

$$\nabla^{\varpi}\varphi(x_1, x_2, x_3, \ldots x_m) \quad \text{et} \quad \nabla^{\varpi-1}\varphi(x_1, x_2, x_3, \ldots x_m),$$

et spécialement l'intégration de l'équation ... (121)

$$o = \nabla^{\varpi} \varphi(x_1, x_2, x_3, \ldots x_m),$$

qu'il s'agit de donner.

Formons l'équation ... (122)

$$o = B_0 + B_1 . n + B_2 . n^2 + B_3 . n^3 \ldots + B_\mu . n^\mu,$$

en faisant généralement ... (123)

$$B_\rho = A(\rho, o, o, \ldots o) +$$

$$+ \begin{cases} A(\rho, 1, o, \ldots o) . p_2^{\varpi_2} \\ A(\rho, o, 1, \ldots o) . p_3^{\varpi_3} \\ \ldots\ldots\ldots \\ A(\rho, o, o, \ldots 1) . p_m^{\varpi_m} \end{cases} + \begin{cases} A(\rho, 2, o, \ldots o) . p_2^{2\varpi_2} \\ A(\rho, 1, 1, \ldots o) . p_2^{\varpi_2} . p_3^{\varpi_3} \\ A(\rho, o, 2, \ldots o) . p_3^{2\varpi_3} \\ A(\rho, 1, o, 1, \ldots o) . p_2^{\varpi_2} . p_4^{\varpi_4} \\ A(\rho, o, 1, 1, \ldots o) . p_3^{\varpi_3} . p_4^{\varpi_4} \\ A(\rho, o, o, 2, \ldots o) . p_4^{2\varpi_4} \\ \ldots\ldots\ldots \\ A(\rho, o, o, \ldots 2) . p_m^{2\varpi_m} \end{cases}$$

$$+ \begin{cases} A(\rho, 3, o, \ldots o) . p_2^{3\varpi_2} \\ A(\rho, 2, 1, \ldots o) . p_2^{2\varpi_2} . p_3^{\varpi_3} \\ A(\rho, 1, 2, \ldots o) . p_2^{\varpi_2} . p_3^{2\varpi_3} \\ A(\rho, o, 3, \ldots o) . p_3^{3\varpi_3} \\ \ldots\ldots\ldots \\ A(\rho, o, o, \ldots 3) . p_m^{3\varpi_m} \end{cases}$$

. . . .

. . . .

$$+ \begin{cases} A(\rho, \mu, o, \ldots o) . p_2^{\mu\varpi_2} \\ A(\rho, \mu-1, 1, \ldots o) . p_2^{(\mu-1)\varpi_2} . p_3^{\varpi_3} \\ A(\rho, \mu-2, 2, \ldots o) . p_2^{(\mu-2)\varpi_2} . p_3^{2\varpi_3} \\ \ldots\ldots\ldots \\ A(\rho, o, \mu, \ldots o) . p_3^{\mu\varpi_3} \\ \ldots\ldots\ldots \\ A(\rho, o, o, \ldots \mu) . p_m^{\mu\varpi_m}; \end{cases}$$

$p_2, p_3, p_4, \ldots p_m$ étant $(m-1)$ quantités arbitraires. Il est sans doute superflu de faire remarquer que, dans la formule précédente (123), les coefficiens A sont zéro, lorsque la somme des nombres entiers ou indices contenus dans leurs parenthèses, est plus grande que μ. — Par exemple, dans le cas où $m=3$, c'est-à-dire, où l'on n'aurait que trois variables indépendantes x_1, x_2, x_3 dans l'expression (120), la formule (123) donnerait . . . (123)'

$$B_0 = A(0,0,0)$$
$$+\left\{\begin{array}{l} A(0,1,0).p_2^{\omega_2} \\ A(0,0,1).p_3^{\omega_3} \end{array}\right. \quad +\left\{\begin{array}{l} A(0,2,0).p_2^{2\omega_2} \\ A(0,1,1).p_2^{\omega_2}.p_3^{\omega_3} \\ A(0,0,2).p_3^{2\omega_3} \end{array}\right.$$
$$+\left\{\begin{array}{l} A(0,3,0).p_2^{3\omega_2} \\ A(0,2,1).p_2^{2\omega_2}.p_3^{\omega_3} \\ A(0,1,2).p_2^{\omega_2}.p_3^{2\omega_3} \\ A(0,0,3).p_3^{3\omega_3} \end{array}\right.$$
$$\cdots\cdots\cdots\cdots$$
$$+\left\{\begin{array}{l} A(0,\mu,0).p_2^{\mu\omega_2} \\ A(0,\mu-1,1).p_2^{(\mu-1)\omega_2}.p_3^{\omega_3} \\ A(0,\mu-2,2).p_2^{(\mu-2)\omega_2}.p_3^{2\omega_3} \\ \cdots\cdots\cdots \\ A(0,0,\mu).p_3^{\mu\omega_3}; \end{array}\right.$$

$$B_1 = A(1,0,0)$$
$$+\left\{\begin{array}{l} A(1,1,0).p_2^{\omega_2} \\ A(1,0,1).p_3^{\omega_3} \end{array}\right. \quad +\left\{\begin{array}{l} A(1,2,0).p_2^{2\omega_2} \\ A(1,1,1).p_2^{\omega_2}.p_3^{\omega_3} \\ A(1,0,2).p_3^{2\omega_3} \end{array}\right.$$

. . . .

$$+\begin{cases} A(1,\mu-1,0).p_2^{(\mu-1)\omega_2} \\ A(1,\mu-2,1).p_2^{(\mu-2)\omega_2}.p_3^{\omega_3} \\ A(1,\mu-3,2).p_2^{(\mu-3)\omega_2}.p_3^{2\omega_3} \\ \dots\dots\dots\dots \\ A(1,0,\mu-1).p_3^{(\mu-1)\omega_3}; \end{cases}$$

$$B_2 = A(2,0,0) \quad + \begin{cases} A(2,1,0).p_2^{\omega_2} \\ A(2,0,1).p_3^{\omega_3} \end{cases}$$

. . . .

$$+\begin{cases} A(2,\mu-2,0).p_2^{(\mu-2)\omega_2} \\ A(2,\mu-3,1).p_2^{(\mu-3)\omega_2}.p_3^{\omega_3} \\ \dots\dots\dots\dots \\ A(2,0,\mu-2).p_3^{(\mu-2)\omega_3}; \end{cases}$$

. . . .

. . . .

$$B_{\mu-1} = A(\mu-1,0,0) + \begin{cases} A(\mu-1,1,0).p_2^{\omega_2} \\ A(\mu-1,0,1).p_3^{\omega_3}; \end{cases}$$

$$B_\mu = A(\mu,0,0).$$

Or, si, avec les μ racines n_1, n_2, n_3, ... n_μ de l'équation (122), on construit les quantités auxiliaires N, N_1, N_2, N_3, ... N_μ par le moyen des formules (86), on aura, pour la relation demandée des fonctions générales

$$\nabla^{\varpi}\varphi(x_1, x_2, x_3, \dots x_m) \quad \text{et} \quad \nabla^{\varpi-1}\varphi(x_1, x_2, x_3, \dots x_m),$$

l'expression ... (124)

$$\nabla^{\varpi-1}\varphi(x_1, x_2, x_3, \ldots x_m) = S.\frac{(-1)^{\mu-1}.p_2^{x_2}.p_3^{x_3}.p_4^{x_4}\ldots p_m^{x_m}}{N.A(\mu, 0, 0, \ldots 0)} \times$$

$$\times \left\{ N_1.n_1^{\frac{x_1}{\omega_1}}.\Sigma\left[\nabla^{\varpi}\varphi(x_1, x_2, x_3, \ldots x_m).\left(\frac{1}{n_1}\right)^{\frac{x_1}{\omega_1}}.\left(\frac{1}{p_2}\right)^{x_2}.\left(\frac{1}{p_3}\right)^{x_3}\cdots\left(\frac{1}{p_m}\right)^{x_m}\right] - \right.$$

$$- N_2.n_2^{\frac{x_1}{\omega_1}}.\Sigma\left[\nabla^{\varpi}\varphi(x_1, x_2, x_3, \ldots x_m).\left(\frac{1}{n_2}\right)^{\frac{x_1}{\omega_1}}.\left(\frac{1}{p_2}\right)^{x_2}.\left(\frac{1}{p_3}\right)^{x_3}\cdots\left(\frac{1}{p_m}\right)^{x_m}\right] +$$

$$+ N_3.n_3^{\frac{x_1}{\omega_1}}.\Sigma\left[\nabla^{\varpi}\varphi(x_1, x_2, x_3, \ldots x_m)\left(\frac{1}{n_3}\right)^{\frac{x_1}{\omega_1}}.\left(\frac{1}{p_2}\right)^{x_2}.\left(\frac{1}{p_3}\right)^{x_3}\cdots\left(\frac{1}{p_m}\right)^{x_m}\right] -$$

$$- N_4.n_4^{\frac{x_1}{\omega_1}}.\Sigma\left[\nabla^{\varpi}\varphi(x_1, x_2, x_3, \ldots x_m).\left(\frac{1}{n_4}\right)^{\frac{x_1}{\omega_1}}.\left(\frac{1}{p_2}\right)^{x_2}.\left(\frac{1}{p_3}\right)^{x_3}\cdots\left(\frac{1}{p_m}\right)^{x_m}\right] +$$

. . . .

$$\left.(-1)^{\mu-1}.N_\mu.n_\mu^{\frac{x_1}{\omega_1}}.\Sigma\left[\nabla^{\varpi}\varphi(x_1, x_2, x_3, \ldots x_m).\left(\frac{1}{n_\mu}\right)^{\frac{x_1}{\omega_1}}.\left(\frac{1}{p_2}\right)^{x_2}.\left(\frac{1}{p_3}\right)^{x_3}\cdots\left(\frac{1}{p_m}\right)^{x_m}\right]\right\}.$$

Ici, comme dans l'expression particulière (100), la caractéristique Σ désigne l'intégrale prise par rapport à l'accroissement ω_1 de la seule variable x_1, et la lettre S la somme d'autant d'expressions pareilles qu'on voudra, en variant les constantes p_2, p_3, p_4, ... p_m et les constantes que donnent les intégrales Σ: mais il faut que les quantités contenues dans les crochets [ ] auxquels s'applique la caractéristique Σ, ne soient fonctions que de la seule variable x_1; ce qui arrive effectivement lorsque, dans la suite des fonctions ∇^{ϖ}, $\nabla^{\varpi-1}$, $\nabla^{\varpi-2}$, $\nabla^{\varpi-3}$, etc. dont on veut déterminer la relation, on part de la valeur

$$\nabla^{\varpi}\varphi(x_1, x_2, x_3, \ldots x_m) = \sigma$$

formant la grande équation (121) qu'il s'agit d'intégrer.

Soit immédiatement $\varpi = 1$: l'équation (121) dont il est question, sera ... (125)

$$0 = \nabla\varphi(x_1, x_2, x_3, \ldots x_m);$$

c'est-à-dire qu'il s'agira d'intégrer l'équation aux différences partielles d'un nombre quelconque de variables, que présente l'égalité générale (120), en y faisant le premier membre zéro, et en négligeant la caractéristique ∇ dans le second membre, à cause de

$$\nabla^{0}\varphi(x_1, x_2, x_3, \ldots x_m) = \varphi(x_1, x_2, x_3, \ldots x_m).$$

Or, faisant pour abréger $\frac{x_1}{\omega_1} = \zeta$, la formule générale (124) donnera, pour l'intégration de l'équation (125), l'expression ... (126)

$$\varphi(x_1, x_2, x_3, \ldots x_m) = S.(p_2^{x_2}.p_3^{x_3}.p_4^{x_4}\ldots p_m^{x_m}) \times$$
$$\times \{M_1.n_1^{\zeta} + M_2.n_2^{\zeta} + M_3.n_3^{\zeta} \ldots + M_{\mu}.n_{\mu}^{\zeta}\},$$

$M_1, M_2, M_3, \ldots M_{\mu}$ étant ici, comme dans l'expression (104), des constantes arbitraires provenant des intégrales Σ de la formule générale (124), multipliées respectivement par les quantités

$$\frac{(-1)^{\mu-1}.N_1}{N.A(\mu, 0, 0, \ldots 0)}, \quad \frac{(-1)^{\mu-1}.N_2}{N.A(\mu, 0, 0, \ldots 0)}, \quad \frac{(-1)^{\mu-1}.N_3}{N.A(\mu, 0, 0, \ldots 0)}, \quad \text{etc.}$$

Maintenant, si l'on fait

$$n_1^{\zeta} = z_1, \quad n_2^{\zeta} = z_2, \quad n_3^{\zeta} = z_3, \quad \ldots n_{\mu}^{\zeta} = z_{\mu}$$

et de plus

$$p_2^{\omega_2} = q_2, \quad p_3^{\omega_3} = q_3, \quad p_4^{\omega_4} = q_4, \quad \ldots p_m^{\omega_m} = q_m;$$

en observant que les quantités $z_1, z_2, z_3, \ldots z_\mu$ sont fonctions des quantités $q_2, q_3, q_4, \ldots q_m$, et par conséquent qu'elles peuvent être développées par rapport aux puissances de ces dernières, et en suivant le procédé qui, plus haut, nous a conduits de l'expression (104) à la formule (108), on verra facilement que l'expression (126) se transforme en celle-ci ... (127)

$$\varphi(x_1, x_2, x_3, \ldots x_m) = \Sigma \left\{ \frac{1}{1^{\rho_2|1} \cdot 1^{\rho_3|1} \cdot 1^{\rho_4|1} \ldots 1^{\rho_m|1}} \times \right.$$

$$\times \left[\left(\frac{d^r \dot{z}_1}{dq_2^{\rho_2} \cdot dq_3^{\rho_3} \ldots dq_m^{\rho_m}} \right) \cdot f_1(x_2 + \rho_2 \omega_2, x_3 + \rho_3 \omega_3, \ldots x_m + \rho_m \omega_m) + \right.$$

$$+ \left(\frac{d^r \dot{z}_2}{dq_2^{\rho_2} \cdot dq_3^{\rho_3} \ldots dq_m^{\rho_m}} \right) \cdot f_2(x_2 + \rho_2 \omega_2, x_3 + \rho_3 \omega_3, \ldots x_m + \rho_m \omega_m) +$$

$$+ \left(\frac{d^r \dot{z}_3}{dq_2^{\rho_2} \cdot dq_3^{\rho_3} \ldots dq_m^{\rho_m}} \right) \cdot f_3(x_2 + \rho_2 \omega_2, x_3 + \rho_3 \omega_3, \ldots x_m + \rho_m \omega_m) +$$

$$\cdots\cdots\cdots\cdots\cdots\cdots\cdots\cdots\cdots$$

$$\left. \left. + \left(\frac{d^r \dot{z}_\mu}{dq_2^{\rho_2} \cdot dq_3^{\rho_3} \ldots dq_m^{\rho_m}} \right) \cdot f_\mu(x_2 + \rho_2 \omega_2, x_3 + \rho_3 \omega_3, \ldots x_m + \rho_m \omega_m) \right] \right\};$$

les $(m-1)$ quantités $\rho_2, \rho_3, \rho_4, \ldots \rho_m$ étant tous les nombres entiers donnés par l'équation indéterminée ... (128)

$$r = \rho_2 + \rho_3 + \rho_4 \ldots + \rho_m;$$

les caractéristiques $f_1, f_2, f_3, \ldots f_\mu$ désignant μ fonctions arbitraires des quantités contenues dans les parenthèses ( ) auxquelles elles sont appliquées; et enfin la caractéristique Σ dénotant l'intégrale prise par rapport à la quantité r considérée comme variable et pour un accroissement égal à l'unité, depuis $r = 0$, jusqu'à $r = +\infty$, ou plutôt, suivant l'observation faite à l'occasion de la formule (108), depuis $r = -\infty$, jusqu'à $r = +\infty$. Quant au point placé sur la lettre $\dot{z}$, il marque qu'après avoir pris les différentielles par rapport aux variables $q_2, q_3, \ldots q_m$, il faut y faire zéro ces quantités.

Telle (127) est donc, d'abord, l'intégration générale en question contenant μ fonctions arbitraires. — Procédant ensuite de la manière dont, ci-dessus, nous sommes arrivés à la formule particulière (119), on parviendra généralement à une expression de la fonction $\varphi(x_1, x_2, x_3, \ldots x_m)$, donnant l'intégration de l'équation (125), qui ne contiendra plus que des intégrales définies. En effet, prenant les quantités $Z_1, Z_2, Z_3, \ldots Z_\mu$ données par les formules (110), et faisant pour abréger ... (129)

$$\theta = \frac{1}{1^{\rho_2|1} \cdot 1^{\rho_3|1} \cdot 1^{\rho_4|1} \ldots 1^{\rho_m|1}},$$

les quantités $\rho_2, \rho_3, \rho_4, \ldots \rho_m$ étant toujours données par l'équation indéterminée (128), si l'on suit le procédé que nous venons de rappeler, on trouvera, pour l'intégration de l'équation générale (125), savoir,

$$0 = \nabla\varphi(x_1, x_2, x_3, \ldots x_m),$$

l'expression ... (130)

$$\varphi(x_1, x_2, x_3, \ldots x_m) =$$

$$= \Sigma_\zeta \left\{ \theta \cdot \left(\frac{d^r \dot{Z}_1}{dq_2^{\rho_2} \cdot dq_3^{\rho_3} \ldots dq_m^{\rho_m}} \right) \cdot f_1(x_2 + \rho_2\omega_2,\ x_3 + \rho_3\omega_3,\ \ldots x_m + \rho_m\omega_m) \right\} +$$

$$+ \Sigma_{\zeta-1} \left\{ \theta \cdot \left(\frac{d^r \dot{Z}_2}{dq_2^{\rho_2} \cdot dq_3^{\rho_3} \ldots dq_m^{\rho_m}} \right) \cdot f_2(x_2 + \rho_2\omega_2,\ x_3 + \rho_3\omega_3,\ \ldots x_m + \rho_m\omega_m) \right\} +$$

$$+ \Sigma_{\zeta-2} \left\{ \theta \cdot \left(\frac{d^r \dot{Z}_3}{dq_2^{\rho_2} \cdot dq_3^{\rho_3} \ldots dq_m^{\rho_m}} \right) \cdot f_3(x_2 + \rho_2\omega_2,\ x_3 + \rho_3\omega_3,\ \ldots x_m + \rho_m\omega_m) \right\} +$$

. . . .

$$+ \Sigma_{\zeta-\mu+1} \left\{ \theta . \left(\frac{d^r \dot{Z}_\mu}{dq_2^{\rho_2} . dq_3^{\rho_3} \ldots dq_m^{\rho_m}} \right) . f_\mu (x_2 + \rho_2 \omega_2, \ x_3 + \rho_3 \omega_3, \ \ldots x_m + \rho_m \omega_m) \right\};$$

$f_1, f_2, f_3, \ldots f_\mu$ désignant μ fonctions arbitraires des quantités $(x_2 + \rho_2 \omega_2)$, $(x_3 + \rho_3 \omega_3)$, $(x_4 + \rho_4 \omega_4)$, ... $(x_m + \rho_m \omega_m)$, et les caractéristiques Σ_ζ, $\Sigma_{\zeta-1}$, $\Sigma_{\zeta-2}$, etc. indiquant des intégrales définies, prises par rapport à l'accroissement 1 de r, généralement depuis $r = 0$, et particulièrement jusqu'à $r = \zeta$ dans Σ_ζ, jusqu'à $r = \zeta - 1$ dans $\Sigma_{\zeta-1}$, jusqu'à $r = \zeta - 2$ dans $\Sigma_{\zeta-2}$, ... et jusqu'à $r = \zeta - \mu + 1$ dans $\Sigma_{\zeta-\mu+1}$. Quant au point placé sur la lettre Z, il marque toujours qu'après avoir pris les différentielles par rapport aux variables $q_2, q_3, q_4, \ldots q_m$, il faut y faire zéro ces dernières quantités.

Par exemple, pour l'équation générale du premier ordre ... (131)

$$\begin{aligned} 0 = P . \varphi (x_1, x_2, x_3, \ldots x_m) &+ Q_1 . \varphi (x_1 + \omega_1, x_2, x_3, \ldots x_m) \\ &+ Q_2 . \varphi (x_1, x_2 + \omega_2, x_3, \ldots x_m) \\ &+ Q_3 . \varphi (x_1, x_2, x_3 + \omega_3, \ldots x_m) \\ &\ldots\ldots\ldots\ldots\ldots\ldots \\ &+ Q_m . \varphi (x_1, x_2, x_3, \ldots x_m + \omega_m); \end{aligned}$$

l'équation (122) donnera

$$n_1 = - \frac{1}{Q_1} . \{ P + Q_2 . q_2 + Q_3 . q_3 + Q_4 . q_4 \ldots + Q_m . q_m \};$$

et, en vertu de l'expression (109), on aura

$$Z_1 = n_1^\zeta = \left(- \frac{1}{Q_1} \right)^\zeta . \{ P + Q_2 . q_2 + Q_3 . q_3 \ldots + Q_m . q_m \}^\zeta;$$

valeur qui donne immédiatement

$$\left(\frac{d^r Z_1}{dq_2^{\rho_2} . dq_3^{\rho_3} \ldots dq_m^{\rho_m}} \right) = \frac{\zeta^{r|-1}}{(-Q_1)^\zeta} . \{ P + Q_2 . q_2 + Q_3 . q_3 \ldots + Q_m . q_m \}^{\zeta - r} \times$$

$$\times \; (Q_2^{\rho_2} . Q_3^{\rho_3} . Q_4^{\rho_4} \ldots Q_m^{\rho_m}).$$

Ainsi, donnant à ζ la valeur $\frac{x_1}{\omega_1}$, faisant $q_2 = q_3 = q_4 = \text{etc.} = q_m = 0$, et ne prenant pour les quantités $\rho_2, \rho_3, \ldots \rho_m$ que ceux des nombres entiers qui satisfont à l'équation $\rho_2 + \rho_3 + \rho_4 \ldots + \rho_m = r$, la formule (130) donnera, pour l'intégration de l'équation générale (131) aux différences partielles du premier ordre, l'expression très simple ... (132)

$$\varphi(x_1, x_2, x_3, \ldots x_m) = \Sigma_\zeta \left\{ \frac{\zeta^{r|-1}}{(-Q_1)^\zeta} \cdot \frac{P^{\zeta-r} \cdot (Q_2^{\rho_2} \cdot Q_3^{\rho_3} \ldots Q_m^{\rho_m})}{1^{\rho_2|1} \cdot 1^{\rho_3|1} \ldots 1^{\rho_m|1}} \times \right.$$
$$\left. \times f_1(x_2 + \rho_2\omega_2,\ x_3 + \rho_3\omega_3,\ x_4 + \rho_4\omega_4 \ldots x_m + \rho_m\omega_m) \right\};$$

f_1 dénotant une fonction arbitraire des quantités $(x_2 + \rho_2\omega_2)$, $(x_3 + \rho_3\omega_3)$, ... $(x_m + \rho_m\omega_m)$, et la caractéristique Σ_ζ indiquant l'intégrale définie qu'il faut prendre par rapport à la quantité r considérée comme variable et pour un accroissement égal à l'unité, depuis $r = 0$ jusqu'à $r = \zeta$. Quant à cette intégrale, il suffit ici de substituer, dans l'expression (132), l'une des valeurs des quantités $\rho_2, \rho_3, \rho_4, \ldots \rho_m$, données par l'équation $r = \rho_2 + \rho_3 + \rho_4, \ldots + \rho_m$, et d'intégrer ensuite consécutivement, par rapport à toutes les autres de ces quantités et par rapport à r, en les prenant chacune depuis zéro jusqu'à ζ; car les termes superflus deviendront d'eux-mêmes zéro. — Enfin, pour établir la dépendance des fonctions dénotées par φ et f_1, ou plutôt pour déterminer la signification de la fonction arbitraire f_1, il suffit de remarquer que, lorsque $x_1 = 0$, et par conséquent $\zeta = 0$, l'expression (132) donne

$$\varphi(0, x_2, x_3, \ldots x_m) = f_1(x_2, x_3, \ldots x_m);$$

de sorte qu'on aura définitivement ... (133)

$$\varphi(x_1, x_2, x_3, \ldots x_m) = \Sigma_\zeta \left\{ \frac{\zeta^{r|-1}}{(-Q_1)^\zeta} \cdot \frac{P^{\zeta-r} \cdot (Q_2^{\rho_2} \cdot Q_3^{\rho_3} \ldots Q_m^{\rho_m})}{1^{\rho_2|1} \cdot 1^{\rho_3|1} \ldots 1^{\rho_m|1}} \times \right.$$
$$\left. \times \varphi\big(0, (x_2 + \rho_2\omega_2), (x_3 + \rho_3\omega_3), \ldots (x_m + \rho_m\omega_m)\big) \right\}.$$

Faisons ici l'application de cette dernière formule à la solution du célèbre *problème des partis,* résolu d'abord, comme on sait, par Pascal et Fermat, et nouvellement par M. le comte Laplace, au moyen de son Calcul des fonctions génératrices. — Le problème général est:

« Déterminer le sort de m joueurs A_1, A_2, A_3, ... A_m, dont « a_1, a_2, a_3, ... a_m représentent les adresses respectives, c'est-« à-dire, leurs probabilités de gagner un coup; lorsque, pour « gagner la partie, il manque x_1 coups au joueur A_1, x_2 coups « au joueur A_2, x_3 coups au joueur A_3, et généralement x_α « coups au joueur A_α. » (*Théorie des Probabil. page* 207.)

En désignant par $\varphi(x_1, x_2, x_3, \ldots x_m)$ la fonction qui est l'expression de la probabilité de gagner du joueur A_1, on aura visiblement l'équation ... (134)

$$\begin{aligned} 0 = \varphi(x_1, x_2, x_3, \ldots x_m) &- a_1 . \varphi(x_1 - 1, x_2, x_3, \ldots x_m) \\ &- a_2 . \varphi(x_1, x_2 - 1, x_3, \ldots x_m) \\ &- a_3 . \varphi(x_1, x_2, x_3 - 1, \ldots x_m) \\ &\cdot \cdot \cdot \cdot \cdot \cdot \cdot \cdot \cdot \cdot \cdot \cdot \cdot \cdot \\ &- a_m . \varphi(x_1, x_2, x_3, \ldots x_m - 1). \end{aligned}$$

Comparant cette équation avec l'équation générale (131), on aura

$$\omega_1 = \omega_2 = \omega_3 = \text{etc.} = \omega_m = -1; \quad \text{et}$$

$$P = 1, \quad Q_1 = -a_1; \quad Q_2 = -a_2, \quad Q_3 = -a_3, \quad \ldots Q_m = -a_m;$$

ainsi, en observant que $\zeta = \frac{x_1}{\omega_1} = -x_1$, la formule (133) donnera, pour la solution du problème, l'expression ... (133)'

$$\varphi(x_1, x_2, x_3, \ldots x_m) = a_1^{x_1} . \Sigma \left\{ (-x_1)^{r|-1} . \frac{(-a_2)^{\rho_2} . (-a_3)^{\rho_3} \ldots (-a_m)^{\rho_m}}{1^{\rho_2|1} . 1^{\rho_3|1} \ldots 1^{\rho_m|1}} \times \right.$$
$$\left. \times \ \varphi\big(0, (x_2 - \rho_2), (x_3 - \rho_3), \ldots (x_m - \rho_m)\big) \right\},$$

dans laquelle l'intégrale Σ doit être prise depuis $r=0$ jusqu'à $r=\zeta$, ou, ce qui revient ici au même, depuis $r=0$ jusqu'à $r=+\infty$. Or, lorsque les valeurs de ρ_2, ρ_3, ρ_4, etc. sont respectivement moindres que x_2, x_3, x_4, etc., la fonction $\varphi\left(0, (x_2-\rho_2), (x_3-\rho_3), \ldots (x_m-\rho_m)\right)$, mesurant la certitude qu'a le joueur A_1 de gagner, puisqu'il ne lui reste plus aucun coup à jouer, est égale à l'unité; et lorsque les valeurs de ρ_2, ρ_3, ρ_4, etc. sont respectivement plus grandes que x_2, x_3, x_4, etc., la même fonction forme une quantité absolument indéterminée ou même idéale (*), parceque, dans la nature de la question, les nombres négatifs de coups à jouer n'ont absolument aucune signification. Ainsi, en désignant par Y cette quantité indéterminée ou idéale, et en rejetant celles des quantités ρ_2, ρ_3, ρ_4, etc. qui sont respectivement plus grandes que (x_2-1), (x_3-1), (x_4-1), etc. et qui entrent dans l'indéterminée Y, on aura

$$\varphi(x_1, x_2, x_3, \ldots x_m) = a_1^{x_1} . \Sigma \left\{ (-x_1)^{r|-1} . \frac{(-a_2)^{\rho_2} . (-a_3)^{\rho_3} \ldots (-a_m)^{\rho_m}}{1^{\rho_2|1} . 1^{\rho_3|1} \ldots 1^{\rho_m|1}} \right\} + Y;$$

de sorte que, dans cette expression, l'intégrale Σ ne doit être prise que depuis $r=0$ jusqu'à $r=(x_2+x_3+x_4 \ldots + x_m) - m + 1$, en observant d'ailleurs que les quantités ρ_2, ρ_3, ρ_4, ... ρ_m sont des fonctions de r, données par l'équation $r=\rho_2+\rho_3+\rho_4 \ldots + \rho_m$. Mais, vu l'origine de l'indéterminée Y, cette quantité ne se trouve impliquée dans l'expression précédente, que pour le cas où x_1, x_2, x_3, ... x_m ont des valeurs négatives; donc, lorsqu'il ne s'agit que des valeurs positives de ces quantités, on peut faire $Y=0$, et l'on aura ... (135)

(*) Le Calcul des Probabilités, où il n'y a de réelles que les quantités contenues entre zéro et l'unité, a ses quantités IDÉALES particulières. — Nous développerons cette idée dans une autre occasion; peut-être, si le tems nous le permet, dans une *Philosophie des Probabilités.*

$$\varphi(x_1, x_2, x_3, \ldots x_m) = a_1^{x_1}.\Sigma\left\{(-x_1)^{r|-1}.\frac{(-a_2)^{\rho_2}.(-a_3)^{\rho_3}\ldots(-a_m)^{\rho_m}}{1^{\rho_2|1}.1^{\rho_3|1}\ldots 1^{\rho_m|1}}\right\};$$

et telle sera, pour toutes les quantités positives $x_1, x_2, x_3, \ldots x_m$, la solution générale du problème. — Dans le cas où ces quantités sont des nombres entiers, comme dans le problème particulier en question, l'expression (135) peut être obtenue facilement : en effet, prenant les quantités $\rho_2, \rho_3, \rho_4, \ldots \rho_m$ depuis zéro jusqu'à l'infini, on a en général

$$\Sigma\left\{(-x_1)^{r|-1}.\frac{(-a_2)^{\rho_2}.(-a_3)^{\rho_3}\ldots(-a_m)^{\rho_m}}{1^{\rho_2|1}.1^{\rho_3|1}\ldots 1^{\rho_m|1}}\right\} = [1-(a_2+a_3\ldots+a_m)]^{-x_1};$$

donc, pour le cas particulier en question, on aura définitivement ... (136)

$$\varphi(x_1, x_2, x_3, \ldots x_m) = a_1^{x_1}.[1-(a_2+a_3\ldots+a_m)]^{-x_1},$$

pourvu que, dans le développement du polynome qui entre dans cette expression, on rejette les termes dans lesquels la puissance de a_2 est plus grande que (x_2-1), la puissance de a_3 plus grande que (x_3-1), et en général la puissance de a_α plus grande que $(x_\alpha-1)$.

Ainsi, en désignant spécialement par $\varphi_1, \varphi_2, \varphi_3, \ldots \varphi_m$ les fonctions qui mesurent les probabilités respectives des joueurs A_1, A_2, A_3, ... A_m, probabilités dont il est question, on voit, par le résultat (136), qu'on aura ... (137)

$$\varphi_1(x_1, x_2, x_3, \ldots x_m) = a_1^{x_1}.[1-(a_2+a_3+a_4\ldots+a_m)]^{-x_1}$$

$$\varphi_2(x_1, x_2, x_3, \ldots x_m) = a_2^{x_2}.[1-(a_1+a_3+a_4\ldots+a_m)]^{-x_2}$$

$$\varphi_3(x_1, x_2, x_3, \ldots x_m) = a_3^{x_3}.[1-(a_1+a_2+a_4\ldots+a_m)]^{-x_3}$$

. . . .

$$\varphi_m(x_1, x_2, x_3, \ldots x_m) = a_m^{x_m}.[1-(a_1+a_2+a_3\ldots+a_{m-1})]^{-x_m};$$

en n'oubliant pas que, dans le développement des polynomes qui entrent dans ces expressions, on doit rejeter les termes dans lesquels, en général, la puissance de a_α est plus grande que $(x_\alpha - 1)$.

Telle est aussi la solution du problème des partis, à laquelle est arrivé M. le comte Laplace par le Calcul des fonctions génératrices; et l'on découvre, en comparant son procédé purement inductionnel (*) au procédé rigoureux que nous venons de suivre, les principes de la possibilité même d'avoir réussi par le Calcul des fonctions génératrices, ainsi que les principes de tous les algorithmes que, pour cette solution, exige le Calcul dont il s'agit. — Nous nous bornerons ici à ce seul exemple : on voit que, suivant les méthodes rigoureuses, on parviendra, et cela nécessairement avec plus de simplicité, à la solution de tous les problèmes des probabilités, auxquels M. le comte Laplace applique son Calcul des fonctions génératrices. D'ailleurs, il n'est point ici question de la Théorie des probabilités de M. le comte; il ne s'agit que de sa Théorie des fonctions génératrices : pour avoir une bonne théorie des probabilités, il est clair, par soi-même, qu'il faut nécessairement employer des solutions rigoureuses pour tous les problèmes; et il s'ensuit naturellement qu'il faudra rejeter les solutions que présente le Calcul des fonctions génératrices, s'il se trouve que ce Calcul, sans être d'une utilité absolue, n'est d'ailleurs qu'un procédé inductionnel, comme nous nous sommes proposé de l'examiner dans cet ouvrage. — Revenons donc à notre objet.

(*) Rien n'empêche que, dans ce problème considéré en général, on ne puisse avoir des valeurs fractionnaires pour les quantités x_1, x_2, x_3, etc.; et alors, le procédé employé par M. le comte Laplace, vu l'esprit et le principe du Calcul des fonctions génératrices, n'a évidemment aucune signification. Ce n'est donc que par induction que cette solution de M. le comte pourrait s'étendre au cas des valeurs fractionnaires de x_1, x_2, x_3, etc.

Les formules (124), (127) et (130) donnent, d'une manière rigoureuse, la relation des fonctions ∇^{ϖ} et $\nabla^{\varpi-1}$ d'un nombre quelconque de variables indépendantes, et par conséquent l'intégration de l'équation générale $\nabla^{\varpi}\varphi(x_1, x_2, x_3, \ldots x_m) = 0$ aux différences partielles d'un nombre quelconque de variables. Pour passer du fini à l'infiniment petit, des différences aux différentielles, on procédera, avec facilité et en général, de la manière dont nous l'avons fait plus haut dans les cas des fonctions à une et à deux variables indépendantes; et l'on aura ainsi la solution de toutes les questions que présente la relation des fonctions ∇^{ϖ} et $\nabla^{\varpi-1}$. Par exemple, en développant l'équation du premier ordre (131) par rapport aux différences, on aura . . . (138)

$$\begin{aligned} 0 = (P + Q_1 + Q_2 + Q_3 \ldots + Q_m) \cdot \varphi(x_1, x_2, x_3, \ldots x_m) &+ \\ + Q_1 \cdot \Delta_1 \varphi(x_1, x_2, x_3, \ldots x_m) & \\ + Q_2 \cdot \Delta_2 \varphi(x_1, x_2, x_3, \ldots x_m) & \\ + Q_3 \cdot \Delta_3 \varphi(x_1, x_2, x_3 \ldots x_m) & \\ \ldots\ldots\ldots\ldots\ldots & \\ + Q_m \cdot \Delta_m \varphi(x_1, x_2, x_3, \ldots x_m); & \end{aligned}$$

$\Delta_1, \Delta_2, \Delta_3, \ldots \Delta_m$ indiquant les différences partielles prises respectivement par rapport aux variables $x_1, x_2, x_3, \ldots x_m$; et l'équation correspondante (122) donnera . . . (139)

$$\begin{aligned} 0 = P + Q_1 + Q_2 + Q_3 \ldots + Q_m \\ + Q_1 \cdot (n - 1) + Q_2 \cdot (p_2^{\omega_2} - 1) + Q_3 \cdot (p_3^{\omega_3} - 1) \ldots + Q_m \cdot (p_m^{\omega_m} - 1), \end{aligned}$$

relation qui fera connaître la quantité n_1 nécessaire pour l'intégration de l'équation (138). Or, si cette équation était aux différentielles partielles, et que l'on eût . (138)'

$$\begin{aligned}
0 = & R.\varphi(x_1, x_2, x_3, \ldots x_m) \\
& + S_1.\left(\frac{d\varphi(x_1, x_2, x_3, \ldots x_m)}{dx_1}\right) \\
& + S_2.\left(\frac{d\varphi(x_1, x_2, x_3, \ldots x_m)}{dx_2}\right) \\
& \ldots\ldots\ldots\ldots\ldots \\
& + S_m.\left(\frac{d\varphi(x_1, x_2, x_3, \ldots x_m)}{dx_m}\right),
\end{aligned}$$

R, S_1; S_2, ... S_m étant des quantités constantes, l'équation correspondante (139) serait ... (139)'

$$0 = R + S_1.\frac{n-1}{dx_1} + S_2.\frac{p_2^{\omega_2}-1}{dx_2} + S_3.\frac{p_3^{\omega_3}-1}{dx_3} \ldots + S_m.\frac{p_m^{\omega_m}-1}{dx_m};$$

et puisque, dans ce cas, $\omega_1 = dx_1$, $\omega_2 = dx_2$, $\omega_3 = dx_3$, ... $\omega_m = dx_m$, et par conséquent

$$p_2^{\omega_2} = 1 + dx_2.Lp_2, \quad p_3^{\omega_3} = 1 + dx_3.Lp_3, \quad \ldots p_m^{\omega_m} = 1 + dx_m.Lp_m,$$

l'équation (139)' donnerait

$$n_1 = 1 - dx_1.\frac{1}{S_1}(R + S_2.Lp_2 + S_3.Lp_3 \ldots + S_m.Lp_m).$$

Donc,

$$z_1 = n_1^{\frac{x_1}{\omega_1}} = e^{-\frac{x_1}{S_1}(R + S_2.Lp_2 + S_3.Lp_3 \ldots + S_m.Lp_m)} =$$

$$= e^{-\frac{x_1 R}{S_1}}.p_2^{-\frac{x_1 S_2}{S_1}}.p_3^{-\frac{x_1 S_3}{S_1}} \ldots p_m^{-\frac{x_1 S_m}{S_1}}.$$

Mais, la quantité $\left(\frac{d^r z_1}{dp_2^{\rho_2}.dp_3^{\rho_3} \ldots dp_m^{\rho_m}}\right)$, en y faisant $p_2 = 0$, $p_3 = 0$,

$\ldots p_m = 0$ après les différentiations, ne donne une valeur déterminée que lorsque ... (140)

$$\rho_2 = -\frac{x_1 S_2}{S_1}, \quad \rho_3 = -\frac{x_1 S_3}{S_1}, \quad \ldots \rho_m = -\frac{x_1 S_m}{S_1};$$

et alors on a ... (141)

$$\left(\frac{d^r z_1}{dp_2^{\rho_2} \cdot dp_3^{\rho_3} \ldots dp_m^{\rho_m}}\right) = \left\{ (\rho_2')^{\rho_2'|-1} \cdot (\rho_3')^{\rho_3'|-1} \ldots (\rho_m')^{\rho_m'|-1} \right\} \cdot e^{-\frac{x_1 R}{S_1}} =$$

$$= (1^{\rho_2'|1} \cdot 1^{\rho_3'|1} \ldots 1^{\rho_m'|1}) \cdot e^{-\frac{x_1 R}{S_1}},$$

$\rho_2', \rho_3', \ldots \rho_m'$ désignant les valeurs particulières déterminées sous la marque (140). De plus, si l'on considère, dans la formule (127), les développemens des quantités z comme procédant par rapport aux simples puissances de $p_2, p_3, \ldots p_m$, ce qu'il est possible de faire, cette formule (127) donnera, pour le cas présent, l'expression ... (127)'

$$\varphi(x_1, x_2, x_3, \ldots x_m) = \Sigma \left\{ \frac{1}{1^{\rho_2|1} \cdot 1^{\rho_3|1} \ldots 1^{\rho_m|1}} \times \right.$$

$$\left. \times \left(\frac{d^r z_1}{dp_2^{\rho_2} \cdot dp_3^{\rho_3} \ldots dp_m^{\rho_m}}\right) \cdot f_1(x_2 + \rho_2, x_3 + \rho_3, \ldots x_m + \rho_m) \right\}.$$

Substituant donc la valeur (141), la seule qui soit possible, on aura définitivement, pour l'intégration de l'équation aux différentielles partielles (138)' d'un nombre quelconque de variables, l'expression simple ... (142)

$$\varphi(x_1, x_2, x_3, \ldots x_m) =$$

$$e^{-\frac{x_1 R}{S_1}} \cdot f_1\left[\left(x_2 - \frac{x_1 S_2}{S_1}\right), \left(x_3 - \frac{x_1 S_3}{S_1}\right), \ldots \left(x_m - \frac{x_1 S_m}{S_1}\right)\right];$$

ou bien, en déterminant la relation des fonctions φ et f_1 dans le cas où $x_1 = 0$, l'expression ... (142)'

$$\varphi(x_1, x_2, x_3, \ldots x_m) =$$

$$e^{-\frac{x_1 R}{S_1}} . \varphi\left[o, \left(x_2 - \frac{x_1 S_2}{S_1}\right), \left(x_3 - \frac{x_1 S_3}{S_1}\right), \ldots \left(x_m - \frac{x_1 S_m}{S_1}\right)\right],$$

la fonction $\varphi\left[o, \left(x_2 - \frac{x_1 S_2}{S_1}\right), \left(x_3 - \frac{x_1 S_3}{S_1}\right), \ldots \left(x_m - \frac{x_1 S_m}{S_1}\right)\right]$ étant généralement une fonction arbitraire.

Telle est donc la théorie complète de la relation des fonctions ∇^{ϖ} et $\nabla^{\varpi-1}$ d'un nombre quelconque de variables; et, de plus, cette théorie présente même les principes premiers, et donne ainsi jusqu'à l'explication de la possibilité de tous les résultats que, dans cette question, M. le comte Laplace a obtenus par le procédé très indirect et purement inductionnel du Calcul des fonctions génératrices. Ainsi, pour le remarquer ici encore une fois, ce Calcul n'est d'aucune utilité dans la théorie de l'Algorithmie, parceque, comme on vient de le voir, cette théorie possède des principes rigoureux et des procédés très simples pour arriver aux mêmes résultats.

Il est sans doute superflu, pour terminer cet examen de l'utilité théorique du Calcul en question, de faire observer que les résultats obtenus par le Calcul des fonctions génératrices, se réduisent effectivement à la relation des fonctions ∇, et, par suite, à l'intégration des équations aux différences et aux différentielles, totales et partielles, des équations linéaires à coefficiens constans. En effet, tout l'ouvrage de M. le comte Laplace ne présente rien de plus : toutes les autres intégrations d'équations à coefficiens variables, ne sont que des approximations, ou des cas très particuliers, que la théorie de l'Algorithmie ne saurait ou ne voudrait revendiquer (*). La grande

---

(*) Ces approximations appartiennent à la Technie de l'Algorithmie : nous en parlerons ci-après, en examinant l'utilité technique du Calcul des fonctions génératrices.

question de l'intégration théorique générale des équations n'a point été abordée par M. le comte Laplace; et, dans ce point, les Mathématiques en restent encore, après les travaux de cet illustre géomètre, là où elles en étaient auparavant. Lagrange a donné l'intégration générale des équations linéaires aux différences finies totales du PREMIER ORDRE, à coefficiens quelconques; intégration dont on pouvait déduire facilement, comme conséquence immédiate, l'intégration des équations du même ordre aux différences partielles: et c'est là, à ce premier pas, où en est encore la science. Si M. le comte Laplace nous avait donné au moins l'intégration générale des équations pareilles aux différences du SECOND ORDRE, cela aurait été un nouveau pas; nous en aurions eu une obligation infinie à cet illustre auteur, et la science une obligation égale au Calcul des fonctions génératrices.

C'est peut-être ici l'à-propos de prévenir les géomètres que, suivant la réforme que notre Philosophie des Mathématiques introduit dans la science, nous sommes enfin parvenus à résoudre complètement la grande question dont nous venons de parler. — Nous publierons bientôt les résultats et peut-être la théorie elle-même de cette intégration théorique générale des équations, donnant la résolution de la seconde espèce primitive d'équations (*). Mais, nous devons peut-être, à cette occasion, faire connaître au moins l'intégration théorique générale des équations linéaires aux différences du SECOND ORDRE, à coefficiens quelconques: nous le ferons sur-tout pour faire connaître, en même tems, une nouvelle espèce de génération théorique des fonctions.

Soient f_0x, f_1x et Fx des fonctions quelconques de la variable x, et soit Y_x une fonction inconnue de la même variable, donnée par l'équation générale aux différences du second ordre ... (143)

(*) Voyez la première Note, à la fin de cet ouvrage.

$$Fx = f_0x \,.\, Y_x + f_1x \,.\, Y_{x+\omega} + Y_{x+2\omega},$$

ω étant un accroissement quelconque de la variable x; il s'agit de découvrir la fonction Y_x.

Construisez d'abord, avec les coefficiens connus f_0x et f_1x de l'équation proposée, quatre systèmes indéfinis de fonctions, suivant la loi de nos médiateurs, savoir . . . (144)

$$\begin{array}{ll}
M(x)_0 = 1, & N(x)_0 = 0, \\
M(x)_1 = M(x)_0 . f_1x, & N(x)_1 = N(x)_0 . f_1x - f_0x, \\
M(x)_2 = M(x)_1 f_1(x+\omega) - M(x)_0 . f_0(x+\omega), & N(x)_2 = N(x)_1 . f_1(x+\omega) - N(x)_0 . f_0(x+\omega), \\
M(x)_3 = M(x)_2 . f_1(x+2\omega) - M(x)_1 . f_0(x+2\omega), & N(x)_3 = N(x)_2 . f_1(x+2\omega) - N(x)_1 . f_0(x+2\omega), \\
\text{etc., etc.;} & \text{etc., etc.;}
\end{array}$$

$$\begin{array}{ll}
P(x)_0 = 1, & Q(x)_0 = 0, \\
P(x)_1 = P(x)_0 . f_1x, & Q(x)_1 = Q(x)_0 . f_1x - 1, \\
P(x)_2 = P(x)_1 f_1(x-\omega) - P(x)_0 . f_0x, & Q(x)_2 = Q(x)_1 . f_1(x-\omega) - Q(x)_0 . f_0x, \\
P(x)_3 = P(x)_2 f_1(x-2\omega) - P(x)_1 f_0(x-\omega), & Q(x)_3 = Q(x)_2 . f_1(x-2\omega) - Q(x)_1 . f_0(x-\omega), \\
\text{etc., etc.;} & \text{etc., etc.}
\end{array}$$

Construisez de plus, avec les dernières de ces fonctions, que nous distinguerons généralement par l'indice μ, les deux fonctions auxiliaires . . . (145)

$$\psi_1x = (-1)^{\frac{x+\omega}{\omega}} . \frac{N(x)_\mu}{M(x)_\mu} . \Sigma \left\{ \frac{M(x+\omega)_\mu}{N(x+\omega)_\mu} . f_1x . (-1)^{-\frac{x}{\omega}} \right\},$$

$$\psi_2x = (-1)^{\frac{x+\omega}{\omega}} . \frac{P(x-\omega)_\mu}{Q(x-\omega)_\mu} . \Sigma \left\{ \frac{Q(x)_\mu}{P(x)_\mu} . f_1x . (-1)^{-\frac{x}{\omega}} \right\},$$

en dénotant par Σ la somme ou l'intégrale finie, prise progressivement par rapport à l'accroissement ω de la variable x.

Formez maintenant, avec ces deux quantités auxiliaires (145), les deux fonctions fondamentales . . . (146)

$$\Phi_1 x = -\psi_1 x + \left[\psi_1 x \,.\, \psi_1(x+\omega) - f_0 x\right]^{\frac{1}{2}|2\omega}$$

$$\Phi_2 x = -\psi_2 x - \left[\psi_2 x \,.\, \psi_2(x+\omega) - f_0 x\right]^{\frac{1}{2}|2\omega},$$

en dénotant ici par l'exposant $\frac{1}{2}|2\omega$ nos facultés générales, telles que nous les avons introduites dans la science, c'est-à-dire, dans le cas présent, les facultés du degré $\frac{1}{2}$, correspondantes à l'accroissement ω de la variable x. Et, considérant l'indice μ comme indéfiniment grand dans les deux quantités auxiliaires (145), vous aurez, pour l'intégration générale de l'équation du second ordre (143), l'expression . . . (147)

$$Y_x = (\Phi_1 \dot{x})^{\frac{x}{\omega}|\omega} . \Sigma \left\{ \frac{Fx}{\Phi_1 x . \left(\Phi_1(x+\omega) - \Phi_2(x+\omega)\right) . (\Phi_1 \dot{x})^{\frac{x}{\omega}|\omega}} \right\}$$

$$- (\Phi_2 \dot{x})^{\frac{x}{\omega}|\omega} . \Sigma \left\{ \frac{Fx}{\Phi_2 x . \left(\Phi_1(x+\omega) - \Phi_2(x+\omega)\right) . (\Phi_2 \dot{x})^{\frac{x}{\omega}|\omega}} \right\};$$

dans laquelle Σ dénote toujours la somme ou l'intégrale prise par rapport à l'accroissement ω de la variable x. Quant au point placé sur x, il marque que, dans les deux facultés . . . (147)'

$$(\Phi_1 \dot{x})^{\frac{x}{\omega}|\omega} \quad \text{et} \quad (\Phi_2 \dot{x})^{\frac{x}{\omega}|\omega},$$

il faut faire $x = 0$; et cela nommément dans les bases $\Phi_1 x$ et $\Phi_2 x$ de ces facultés, où se trouve ce point, et non dans l'exposant $\frac{x}{\omega}$, où il ne se trouve pas, c'est-à-dire qu'il faut faire . . . (147)''

$$(\Phi_1 \dot{x})^{\frac{x}{\omega}|\omega} = \Phi_1(0) . \Phi_1(\omega) . \Phi_1(2\omega) . \Phi_1(3\omega) . \;. \;. \;. \;. \Phi_1(x-\omega),$$

$$(\Phi_2 \dot{x})^{\frac{x}{\omega}|\omega} = \Phi_2(0) . \Phi_2(\omega) . \Phi_2(2\omega) . \Phi_2(3\omega) . \;. \;. \;. \;. \Phi_2(x-\omega).$$

Au reste, pour ce qui concerne l'algorithme des facultés, nous l'avons exposé, avec tous ses développements, dans la première des notes attachées à la *Réfutation de Lagrange*; et, pour ce qui concerne les principes ou la nature même de cet algorithme, nous avons reconnu, déja dans notre *Philosophie des Mathématiques*, qu'il constitue un algorithme théorique fondamental, aussi distinct que le sont, par exemple, les puissances et les racines, et plus élevé que ne le sont même les logarithmes et les sinus. Ce rang théorique des facultés leur appartient sur-tout lorsqu'elles sont considérées dans la généralité avec laquelle nous les avons découvertes dans la science, et avec laquelle précisément elles entrent ici dans l'expression (147) donnant l'intégration présente générale de l'équation aux différences du second ordre; c'est-à-dire, lorsque les bases des facultés, comme ici les fonctions $\Phi_1 x$ et $\Phi_2 x$, sont des fonctions d'une ou de plusieurs variables dont les accroissements consécutifs forment les facteurs composant les facultés. Dans cette généralite, les facultés présentes (146) et (147)′ sont donc des fonctions purement théoriques; et l'intégration (147) que nous venons d'obtenir au moyen de ces fonctions, doit être considérée comme une intégration théorique rigoureuse des équations aux différences du second ordre.

Voici les cas particuliers principaux de cette intégration générale. — D'abord, lorsque $Fx = 0$, l'équation proposée (143) est . . . (148)

$$0 = f_0 x \,.\, Y_x + f_1 x \,.\, Y_{x+\omega} + Y_{x+2\omega};$$

et son intégration (147) se réduit à l'expression . . . (148)′

$$Y_x = K_1 \,.\, (\Phi_1 x)^{\frac{x}{\omega}|\omega} + K_2 \,.\, (\Phi_2 x)^{\frac{x}{\omega}|\omega},$$

les quantités K_1 et K_2 etant les deux constantes arbitraires, ou les deux fonctions invariables, provenant des intégrales dénotées par Σ.

Ensuite, lorsque les coefficients $f_0 x$ et $f_1 x$ dans l'équation proposée (143) sont des quantités constantes f_0 et f_1, les deux quantités auxiliaires (145) deviennent . . . (149)

$$\psi_1 x = (-1)^{\frac{x+\omega}{\omega}} f_1 . \Sigma(-1)^{-\frac{x}{\omega}} = \frac{1}{2} . f_1 ,$$

$$\psi_2 x = (-1)^{\frac{x+\omega}{\omega}} f_1 . \Sigma(-1)^{-\frac{x}{\omega}} = \frac{1}{2} . f_1 ,$$

et par conséquent, les quantités fondamentales (146) seront simplement . . . (149)'

$$\Phi_1 x = -\tfrac{1}{2} . f_1 + \left[\tfrac{1}{4} . f_1{}^2 - f_0\right]^{\frac{1}{2}}, \text{ et } \Phi_2 x = -\tfrac{1}{2} . f_1 - \left[\tfrac{1}{4} . f_1{}^2 - f_0\right]^{\frac{1}{2}}.$$

Ces deux quantités $\Phi_1 x$ et $\Phi_2 x$ seront donc alors les deux racines n_1 et n_2 de l'équation . . . (149)''

$$0 = f_0 + f_1 . n + n^2 ;$$

et les deux facultés (147)' seront simplement les puissances . . . (149)'''

$$(\Phi_1 x)^{\frac{x}{\omega}|\omega} = n_1^{\frac{x}{\omega}}, \text{ et } (\Phi_2 x)^{\frac{x}{\omega}|\omega} = n_2^{\frac{x}{\omega}} ;$$

de sorte que l'expression générale (147) donnera ici, pour l'intégration de l'équation particulière en question, ce que donne plus haut, pour le même cas, la formule (87), savoir . . . (149)^{IV}

$$Y_x = \frac{1}{n_1 - n_2} . \left\{ n_1^{\frac{x-\omega}{\omega}} . \Sigma\left[Fx . \left(\frac{1}{n_1}\right)^{\frac{x}{\omega}}\right] - n_2^{\frac{x-\omega}{\omega}} . \Sigma\left[Fx . \left(\frac{1}{n_2}\right)^{\frac{x}{\omega}}\right] \right\}.$$

Enfin, lorsque le coefficient $f_1 x$ est zéro, l'équation proposée (143) se réduit à l'équation . . . (150)

$$Fx = f_0 x . Y_x + Y_{x+2\omega} .$$

Mais alors les quantités auxiliaires (145) seront évidemment zéro; et l'on aura . . . (150)'

$$\Phi_1 x = +(-f_0 x)^{\frac{1}{2}\big|2\omega}, \quad \text{et} \quad \Phi_2 x = -(-f_0 x)^{\frac{1}{2}\big|2\omega}.$$

Ces quantités, étant substituées dans l'expression générale (147), produiront ici ... (150)''

$$Y_x = (-f_0 x)^{\frac{x}{2\omega}\big|2\omega} . \Sigma \left\{ \frac{Fx}{(-f_0 x)^{\frac{x+2\omega}{2\omega}\big|2\omega}} \right\}.$$

Ainsi, en faisant $2\omega = \zeta$, l'équation (150) sera du premier ordre, savoir ... (150)'''

$$Fx = f_0 x . Y_x + Y_{x+\zeta};$$

et la formule précédente (150)'' donnera, pour l'intégration de cette équation, l'expression ... (150)^{IV}

$$Y_x = (-f_0 x)^{\frac{x}{\zeta}\big|\zeta} . \Sigma \left\{ \frac{Fx}{(-f_0 x)^{\frac{x+\zeta}{\zeta}\big|\zeta}} \right\},$$

qui est l'expression connue pour l'intégration de l'équation du premier ordre.

Telle (147) est donc l'intégration théoriqne générale et rigoureuse des équations linéaires aux différences du second ordre, contenant, comme nous venons de le voir, tous les cas particuliers principaux (148), (149) et (150). — Cependant, il faut observer que cette intégration générale (147) implique deux fonctions $\Phi_1 x$ et $\Phi_2 x$ dont la génération est INDÉFINIE. Mais, quoique indéfinie, cette génération n'en est pas moins fixée dans toute son étendue, au moyen de la loi d'après laquelle elle s'opère, loi que présentent les expressions (144); et, par-là même, la fonction Y_x qui était en question, se trouve déterminée rigoureusement et connue complètement. Aussi, dans la pratique de l'algorithmie, pourra-t-on en approcher théoriquement, aussi près qu'on voudra, en prenant, pour l'indice μ, qui entre dans les expressions (145), un nombre entier de plus en plus grand.

Il faut ici remarquer essentiellement la nature distincte de cette approximation : sa connaissance servira à éclaircir le phénomène intellectuel tout-à-fait nouveau que présente, dans les sciences mathématiques, la génération indéfinie, et cependant théorique, que nous venons de fixer. En effet, ce qu'on appelle vulgairement approximation de la valeur des fonctions, données immédiatement, ou médiatement par des équations, se réduit, comme on sait, à des développemens de ces fonctions au moyen de séries, de fractions continues, de produites infinies, etc. Il n'en est nullement ainsi de l'approximation que nous venons d'indiquer comme pouvant être déduite des expressions rigoureuses (146) : ici, nous obtenons à volonté, plus ou moins exactement, la NATURE même des fonctions inconnues, et non simplement la VALEUR des quantités que constituent ces fonctions, quelle que soit d'ailleurs la valeur de la variable x, petite ou grande, positive ou négative, réelle ou idéale (imaginaire); et c'est là, dans cette signification immédiate des fonctions, correspondante à la généralité de leur variable x, que consiste proprement la *génération théorique* des fonctions.

En développant les fonctions $Y_{x+\omega}$ et $Y_{x+2\omega}$ par rapport aux différences ΔY_x et $\Delta^2 Y_x$, l'équation (143) prendra la forme . . . (151)

$$Fx = (f_0 x + f_1 x + 1) . Y_x + (f_1 x + 2) . \Delta Y_x + \Delta^2 Y_x .$$

Ainsi, une pareille équation aux différences du second ordre étant donnée immédiatement, on pourra, par la comparaison des coëfficients, déterminer les fonctions $f_0 x$ et $f_1 x$; et l'expression (147) donnera l'intégration de cette équation. — On peut, avec la même facilité, passer du fini à l'infiniment petit, et transformer ainsi les équations aux différences en équations aux différentielles; et l'on aura alors, par le moyen de la formule (147), l'intégration générale des équations différentielles linéaires du second ordre, à coefficients quelconques, constants ou variables. Nous ne pouvons plus nous occuper ici de ces détails, d'autant plus que nous procéderons incessamment à la publication de l'intégration générale des équations de tous les ordres, où tous les détails seront exposés. Il faut cependant prévenir les géomètres que l'intégration des équations du second ordre, que nous venons d'exposer, n'est qu'un fragment du système complet des procédés qui conduisent à l'intégration des équations, et que nous ferons connaître. Parmi ces procédés, il en est qui donnent l'intégration en question de la manière la plus simple, et sur-tout la plus propre à la pratique, par de pures fonctions de puissances et de racines; mais leur exposition, dont nous aurons sur-tout besoin pour notre Méthode suprême, signalée déja à la fin de la seconde section de la Philosophie de la Technie, exige des principes nouveaux, que nous n'avons pas encore développés : nous n'avons pu donner ici que le procédé dépendant des facultés, c'est-à-dire, de celles des fonctions théoriques nouvelles que nous avons déja fait connaître. — C'est ici le lieu de prévenir également que la méthode très compliquée que nous avons publiée pour la résolution génerale des équations ordinaires, n'est aussi qu'un fragment du système complet des méthodes qui conduisent à cette résolution, et de plus que, parmi ces méthodes, il en est qui donnent, d'une manière très simple, la résolution théorique, générale et rigoureuse, des équations de tous les degrés. Nous procéderons de même incessamment à la publication de cette résolution générale des équations de tous les degrés. — Mais, revenons ici à la théorie des fonctions génératrices de M. le comte Laplace.

Après avoir reconnu l'inutilité THÉORIQUE du calcul des fonctions génératrices, il nous resterait à apprécier son utilité TECHNIQUE. Et tel était effectivement le dernier objet que nous nous étions proposé dans cet ouvrage, lorsque, comme nous l'avons dit dans l'Avis, il était destiné à paraître avant notre Philosophie de la Technie. Aujourd'hui que cette Philosophie est publiée, et que sur-tout le Calcul des fonctions génératrices s'y trouve rigoureusement apprécié, comme n'étant autre chose que le cas le plus simple et le plus particulier de notre *Canon algorithmique* (Voyez 1re section, page 153), l'appréciation de l'utilité technique de ce calcul, la seule dont il soit susceptible, rentre naturellement dans le développement général des lois techniques que donne ce Canon algorithmique, développement que nous présenterons dans la suite de notre Philosophie de la Technie. Généralement, il ne faut pas perdre de vue que la Critique présente de la théorie des fonctions génératrices, n'a été publiée que pour recueillir les résultats qui s'y trouvaient déja imprimés, et spécialement le principe formel (68) des méthodes d'interpolation, que nous avons supposé en traitant de ces méthodes dans la première section de la Philosophie de la Technie, et l'intégration générale et complète des équations linéaires à coëfficients constants, dont nous aurons besoin dans notre intégration générale des équations. Quant à cette Critique elle-même, qui, avant la publication de la Philosophie de la Technie, devait se réduire à montrer que le Calcul des fonctions génératrices n'est rien de plus qu'un simple PROCÉDÉ INDUCTIONNEL, c'est-à-dire, un procédé dont les résultats n'ont de sens ni de garantie pour leur vérité que dans le cas très facile où les quantités principales de ce calcul sont des nombres entiers ; quant à cette Critique elle-même, disons-nous, étant considérée par rapport à la théorie des fonctions génératrices, elle doit aujourd'hui être subordonnée entièrement à ce que, dans l'endroit cité plus haut, nous avons dit de cette prétendue *théorie*, en la retrouvant, comme un cas très particulier, dans notre Canon algorithmique, où l'on découvre jusqu'à la raison de ce que ce Calcul des fonctions génératrices est un procédé purement inductionnel.

Nous pouvons donc espérer que, dans le système de lois techniques que nous donnera le Canon algorithmique, nous retrouverons le petit nombre de résultats techniques obtenus par le Calcul des fonctions génératrices, à-peu-près dans la même proportion dans laquelle nous avons retrouvé, parmi nos développements techniques des fonctions (dans la 2e section de la Philosophie de la Technie), le petit nombre de séries qui étaient connues des géomètres. Nous nous bornerons ici à signaler un seul de ces résultats techniques du Calcul des fonctions génératrices, celui qui donne le procédé, sinon général, du moins assez étendu, pour l'interpolation des fonctions suivant notre forme générale (68). Avant tout, il faut savoir que la déduction que nous avons donnée ici de cette forme (68), n'est point destinée à indiquer le procédé même pour calculer ainsi l'interpolation d'une fonction $f(x+i)$: il fallait d'abord établir cette forme générale (68) de l'interpolation, pour toute valeur, entière, fractionnaire, ou même irrationnelle, de la quantité i dont dépend cette interpolation; et c'est cet établissement préalable qui a été l'objet de la déduction rigoureuse que nous avons donnée dans l'ouvrage présent. En partant de cette forme (68), comme nous l'avons fait dans la Philosophie de la Technie, sous les marques (40)' et (41)', (1re section, pages 111 et suiv.), où précisément nous avons supposé cette forme générale, qui se trouve ainsi requise pour compléter la métaphysique que nous y avons exposée pour les méthodes d'interpolation; en partant, disons-nous, de cette forme générale (68), on peut, par des procédés rigoureux et correspondants à toutes les valeurs de la quantité principale i, calculer les termes consécutifs de cette interpolation, ainsi que nous en avons présenté deux exemples à l'endroit que nous venons de citer dans la première section de la Philosophie de la Technie. On peut même, en partant de cette forme générale (68) de l'interpolation, découvrir le système entier de lois pour le calcul de ces termes consécutifs ; et c'est précisément ce système complet de lois que nous donnerons dans la suite de la Philosophie de la Technie, lorsque nous traiterons des lois spéciales qui régissent l'interpolation des fonctions. Et, parmi ces lois, nous en trouverons qui, outre l'avantage d'être applicables à toutes les valeurs de la quantité principale i, auront celui de donner, pour le calcul des termes consécutifs dont il est question, des procédés, non-seulement beaucoup plus simples que ceux qui résultent du Calcul des fonctions génératrices, mais de plus parfaitement généraux, en tant qu'ils s'appliquent à tous les cas de notre forme générale (68) ; généralité dont le Calcul des fonctions génératrices manque essentiellement, ne pouvant, comme cela est manifeste, s'étendre à tous les cas possibles de cette forme générale (68). — Ainsi, en résumé, nous conclurons déja ici que, même dans son utilité technique, le Calcul des fonctions génératrices est nécessairement très borné ; et que, lors même qu'on le considérerait dans sa généralité absolue, où il forme notre Canon algorithmique, ce Calcul des fonctions génératrices, ne pouvant donner des résultats que pour le seul cas où les quantités dont ils dépendent, sont des nombres entiers, comme nous l'avons prouvé dans la déduction de ce Canon (1re section, page 152), ne peut servir que pour la VÉRIFICATION des résultats techniques, et nullement pour la GÉNÉRATION elle-même de ces résultats. C'est donc là l'unique utilité possible du calcul des fonctions génératrices.

REMARQUES

POUR ADAPTER LA CRITIQUE PRÉSENTE

A L'ÉTAT ACTUEL DES OUVRAGES DE L'AUTEUR.

PAGE 1, *ligne* 20. — La méthode générale de la Technie, dont il s'agit ici, est la Loi suprême et spécialement le Canon algorithmique.

Page 3, *lignes* 7 *et suiv.* — Ce que nous disions ici du manque de connaissances sur la nature des séries, se trouve actuellement constaté dans notre Philosophie de la Technie, et spécialement dans la 2e section de cette Philosophie.

Page 4. — Ajoutez à la note qui se trouve au bas de cette page, le renvoi à l'article sur l'interpolation, traité dans la 1re section de la Philosophie de la Technie.

Pages 6 — 8. — Tout ce qu'il restait ici de vague dans cette appréciation de la Théorie des fonctions génératrices par le moyen de la règle fondamentale (2), se trouve actuellement fixé et déterminé avec précision dans ce que nous avons découvert sur la nature du Canon algorithmique, dans la 1re section de la Philosophie de la Technie (pages 142 et suiv.), où nous avons reconnu que cette prétendue *Théorie* de M. Laplace, qui n'est qu'un cas très particulier de notre Canon algorithmique (*ibid.* page 153), n'est par là même rien autre qu'un procédé TECHNIQUE.

Page 17. — Le supplément annoncé dans la note au bas de cette page, ne sera plus donné ici, parce que la classe de résultats secondaires qui devait en être l'objet, appartient proprement au Canon algorithmique, et sera traitée spécialement dans la suite de notre Philosophie de la Technie, lorsqu'il sera question de cette branche de la technie.

Page 25. — Les formules (22) sont ici construites d'après les formules (6) de la *Réfutation de Lagrange*, et par conséquent elles se trouvent inexactes, comme nous l'avons vu dans l'errata annexé à la *Philosophie de l'Infini* (pages 192 et suiv.). Il faut les construire suivant les formules (6)' de cet errata, c'est-à-dire qu'il faut prendre les formules (167)' de la *Philosophie de la Technie* (2e section, pages 27 et 28), en y changeant simplement x en i. Dans ces dernières formules (167)', on aura déja la nouvelle notation, celle dont il s'agit dans la note placée au bas de la page 25 de la Critique présente.

Pages 27 *et* 32. — La formule (25) ou spécialement (33), sur laquelle se fonde toute cette Critique, se trouve actuellement démontrée avec toute la rigueur concevable, étant déduite immédiatement de la Loi suprême elle-même des Mathématiques, dans la seconde section de la Philosophie de la Technie, sous les marques (490) et suivantes (pages 517 et suiv.), où nous avons annoncé que cette génération technique supérieure nous servirait pour en déduire le principe formel des méthodes d'interpolation, celui précisément que constitue la formule (68) de l'ouvrage présent.

Page 33. — Pour ne pas grossir cet ouvrage, le supplément annoncé au bas de la page 33, ne sera pas donné ici; d'autant plus que la démonstration dont il y est question, appartient proprement à la philosophie du Calcul des différences, où nous la placerons plus convenablement.

Page 37, *ligne* 16. — Les ω déterminations correspondantes à $m1$, $m2$, $m3$, ... $m\omega$, devraient EN GÉNÉRAL porter, non-seulement sur l'exposant m, mais aussi sur les coëfficients a_0, a_1, a_2, etc., dénotés par l'indice α dans ∇_α ; de sorte qu'il faudrait prendre, à la place de la construction (43), la construction générale . . . (152)

$$\Delta^s\left[\nabla_\alpha^m \nabla^\mu f(x+r_\mu)\right]_\omega = \Delta^s\Big\{h_1^{(\mu)} . \nabla_{\alpha 1}^{m1}\nabla^\mu f(x+r_\mu) + h_2^{(\mu)} . \nabla_{\alpha 2}^{m2}\nabla^\mu f(x+r_\mu) + $$
$$+ h_3^{(\mu)} . \nabla_{\alpha 3}^{m3}\nabla^\mu f(x+r_\mu) \ldots + h_\omega^{(\mu)} . \nabla_{\alpha\omega}^{m\omega}\nabla^\mu (fx+r_\mu)\Big\},$$

en distinguant ainsi l'indice général α par les indices particuliers $\alpha 1$, $\alpha 2$, $\alpha 3$, . . . $\alpha\omega$.

Page 38, *formule* (44). — On pourrait trouver quelque difficulté à voir comment, par le moyen des formules (42) et (36), on peut, dans le développement (44), déterminer les coëfficients $H_0^{(\mu)}$, $H_1^{(\mu)}$, $H_2^{(\mu)}$, etc. dans le cas de $\mu = 0$. Pour lever cette difficulté, il faut comparer l'expression $(41)'$ avec celle qui, dans la Philosophie de la Technie (2e section, page 237), se trouve sous la marque $(320)''$. On verra alors facilement que la relation qui existe entre les quantités C_0, C_1, C_2, etc. de l'expression présente (39), et les quantités E_0, E_1, E_2, etc. de l'expression (41), est toujours déterminée par le développement des puissances de polynomes que voici . . . (153)

$$(C_0 + C_1 . z + C_2 . z^2 \ldots + C_\omega . z^\omega)^{\mu-1} =$$
$$= E_0 + E_1 . z + E_2 . z^2 + E_3 . z^3 + \text{etc.}, \text{ etc.}$$

C'est même proprement de cette relation que nous avons tiré l'expression $(41)'$, parce que cette relation dans les puissances de polynomes est évidemment identique avec celle qui a lieu dans la formation consécutive des fonctions ∇fx, $\nabla^2 fx$, $\nabla^3 fx$, etc. Ainsi, on aura en général, pour tout exposant μ, positif ou négatif, ou même fractionnaire, le développement (41), savoir . . . $(153)'$

$$\nabla^\mu fx = E_0 . \nabla fx + E_1 . \nabla f(x+1) + E_2 . \nabla f(x+2) + E_3 . \nabla f(x+3) + \text{etc.},$$

en observant que, lorsque l'exposant μ n'est pas un nombre entier positif, les coefficients E_0, E_1, E_2, etc. ne deviennent pas généralement zéro après que leurs indices surpassent le nombre $\omega(\mu - 1)$. — Donc, développant les fonctions $\nabla f(x+1)$, $\nabla f(x+2)$, etc. par le théorème de Taylor, on obtiendra la forme demandée (44), savoir . . . (154)

$$\nabla^{\mu} fx = A_0 . \nabla fx + A_1 . \frac{d\nabla fx}{dx} + A_2 . \frac{d^2\nabla fx}{dx^2} + A_3 . \frac{d^3\nabla fx}{dx^3} + \text{etc., etc.};$$

et l'on aura ici généralement . . . (154)'

$$A_m = \frac{1}{1^{m|1}} . (0^m . E_0 + 1^m . E_1 + 2^m . E_2 + 3^m . E_3 + \text{etc.}).$$

De plus, cette dernière quantité (154)', quoique donnée sous une forme infinie lorsque l'exposant μ n'est pas un nombre entier positif, peut toujours être exprimée d'une manière finie par le premier polynome (153), dont elle n'est qu'une certaine dérivation différentielle, déterminée pour la valeur $z = 1$. Sans entrer ici dans des explications ultérieures, que les géomètres sauront suppléer, nous nous bornerons à leur dire que si l'on dénote par Lz le logarithme naturel de z, et si l'on développe le polynome (153) de la manière suivante . . . (155)

$$(C_0 + C_1 . z + C_2 . z^2 \; . \; . \; . \; . + C_\omega . z^\omega)^{\mu - 1} =$$
$$= A_0 + A_1 . Lz + A_2 . (Lz)^2 + A_3 . (Lz)^3 + \text{etc., etc.},$$

les coefficients A_0, A_1, A_2, etc. seront précisément les coefficiens qui entrent dans l'expression (154) en question. Quant à ce dernier développement (155), les géomètres en trouveront la loi dans la Philosophie de la Technie (2e section, page 449), sous la marque (454)'', en y faisant $a = 1$, et $k = \infty$. Ils y trouveront même, sous les marques (434)[IV] et (443)', les dix premiers coefficients A_0, A_1, etc. tout calculés.

Page 40, *formule* (46). — Lorsqu'il existe des racines égales parmi $n_1, n_2, n_3, \ldots n_\omega$, la transformation (46) aurait lieu sous un autre forme singulière ; mais, tout ce que nous disons ici concernant la forme générale (46), peut s'appliquer immédiatement à cette forme singulière, de sorte qu'il n'est point nécessaire de nous arrêter spécialement à ce cas particulier. D'ailleurs, il suffira alors de considérer les racines égales comme différant d'une quantité infiniment petite, et tout aura lieu comme dans le cas général.

Page 43. — L'expression (54) est inexacte. Car, le développement (53), étant comparé au développement (33)′, donne proprement

$$X_\mu = I. n^i . (n^x A_\mu),$$

et par conséquent

$$\Delta X_\mu = I. n^i . (A_\mu . \Delta n^x + \Delta A_\mu . n^{x+1});$$

tandis que l'expression (54) ne donne que la valeur de $I. n^i . (n^x . \Delta A_\mu)$. — Mais, cette inexactitude ne change rien à la forme des résultats. En effet, l'expression (55) se trouve être

$$I . n^i (n^x A_\mu) = [\nabla_\alpha^m \nabla^\mu f(x + r_\mu)]_\omega;$$

et elle donne

$$I n^i A_\mu = \left(\frac{1}{n}\right)^x . [\nabla_\alpha^m \nabla^\mu f(x + r_\mu)]_\omega,$$

d'où l'on tire . . . (156)

$$In^i . \Delta A_\mu = \left(\frac{1}{n}\right)^x \left\{\left(\frac{1}{n} - 1\right) . [\nabla_\alpha^m \nabla^\mu f(x + r_\mu)]_\omega + \frac{1}{n} . \Delta[\nabla_\alpha^m \nabla^\mu f(x + r_\mu)]_\omega\right\}.$$

Ainsi, vu la forme des expressions (44) et (51), on retrouvera l'identité dans la forme de nos résultats ; et, par là même, l'équation (56) et toutes les suivantes seront vraies, pourvu qu'on y substitue, à la place de $H_0^{(\mu)}$, $H_1^{(\mu)}$, $H_2^{(\mu)}$, etc., ce que donneront les développements des quantités contenues dans les accolades $\{\ \}$ de l'expression présente (156). — Si l'on désigne donc généralement par

$H(s)_0^{(\mu)}$, $H(s)_1^{(\mu)}$, $H(s)_2^{(\mu)}$, etc. les coefficients dans l'expression (44), en marquant ainsi qu'ils sont fonctions du nombre s ou de l'ordre de la différence Δ^s, il suffira de faire

$$H_0^{(\mu)} = \left(\frac{1}{n} - 1\right) . H(0)_0^{(\mu)} + \frac{1}{n} . H(1)_0^{(\mu)}$$

$$H_1^{(\mu)} = \left(\frac{1}{n} - 1\right) . H(0)_1^{(\mu)} + \frac{1}{n} . H(1)_1^{(\mu)}$$

$$H_2^{(\mu)} = \left(\frac{1}{n} - 1\right) . H(0)_2^{(\mu)} + \frac{1}{n} . H(1)_2^{(\mu)}$$

etc, etc. ;

et ce seront là les véritable quantités des équations (56) et suivantes.

Page 46, *lignes* 1 *et suiv.* — Cette détermination des quantités $Q(\mu)_1$, $Q(\mu)_2$, $Q(\mu)_3$, etc. dépend ici manifestement de la résolution des équations linéaires ou du premier degré lorsqu'elles sont indéfinies, c'est-à-dire, lorsque le nombre des inconnues est infini ; résolution que les géomètres ne connaissent pas encore, et que voici. — Soit le système indéfini d'équations . . . (157)

$$M_0 = X_0 + X_1 . A(1)_1 + X_2 . A(2)_2 + X_3 . A(3)_3 + \text{etc.}$$

$$M_1 = X_1 + X_2 . A(2)_1 + X_3 . A(3)_2 + X_4 . A(4)_3 + \text{etc.}$$

$$M_2 = X_2 + X_3 . A(3)_1 + X_4 . A(4)_2 + X_5 . A(5)_3 + \text{etc.}$$

$$M_3 = X_3 + X_4 . A(4)_1 + X_5 . A(5)_2 + X_6 . A(6)_3 + \text{etc.}$$

etc., etc. ;

où X_0, X_1, X_2, X_3, etc. est un uombre indéfini d'inconnues, et les quantités dénotées par les caractéristiques M et A sont autant de quantités connues. — Formez, avec les dernières A de ces quantités connues, le nouveau système indéfini de quantités . . . (157)'

$$B(\mu)_1 = - A(\mu+1)_1$$

$$B(\mu)_2 = - A(\mu+2)_2 - A(\mu+2)_1 . B(\mu)_1$$

$$B(\mu)_3 = - A(\mu+3)_3 - A(\mu+3)_2 . B(\mu)_1 - A(\mu+3)_1 . B(\mu)_2$$

. . . .

$$B(\mu)_\nu = - A(\mu+\nu)_\nu - A(\mu+\nu)_{\nu-1} . B(\mu)_1 - A(\mu+\nu)_{\nu-2} . B(\mu)_2 . \;\; . \; . \; . \; . \; . - A(\mu+\nu)_2 . B(\mu)_{\nu-2} - A(\mu+\nu)_1 . B(\mu)_{\nu-1} ;$$

μ étant un nombre entier quelconque, y compris zéro, et ν un indice quelconque. Et vous aurez, pour la résolution des équations indéfinies proposées (157), les expressions . . . (157)''

$$X_0 = M_0 + M_1 . B(0)_1 + M_2 . B(0)_2 + M_3 . B(0)_3 + \text{etc.}$$
$$X_1 = M_1 + M_2 . B(1)_1 + M_3 . B(1)_2 + M_4 . B(1)_3 + \text{etc.}$$
$$X_2 = M_2 + M_3 . B(2)_1 + M_4 . B(2)_2 + M_5 . B(2)_3 + \text{etc.}$$
$$X_3 = M_3 + M_4 . B(3)_1 + M_5 . B(3)_2 + M_6 . B(3)_3 + \text{etc.}$$

etc., etc.

Nous donnerons la démonstration de cette résolution indéfinie dans notre résolution générale des équations de tous les degrés.

Page 51. — Les formules (69) sont inexactes, déja parce qu'on y a oublié de multiplier par ω leurs derniers termes. Mais, depuis la formule (53), on a introduit la quantité générale I, correspondante aux quantités particulières $I_1, I_2, I_3, \ldots I_\omega$; ce qui est inexact, parce qu'alors les quantités $h_1^{(\mu)}$, $h_2^{(\mu)}$, $h_3^{(\mu)}$, . . . $h_\omega^{(\mu)}$, qui entrent dans la formule générale (66), devraient être différentes pour chaque développement (67) correspondant à chacun des ω termes dans la transformation (48) de la fonction $f(x+i)$, ce qui est contraire à l'équation générale (61) qui sert à la détermination de ces quantités. — Pour avoir ici les résultats exacts, il faut, depuis la formule (53), rejeter cette quantité générale I; ce que l'on effectuera facilement en faisant $I = 1$ dans toutes les formules où entre cette quantité superflue. Et alors, désignant par S la somme des quantités particulières $I_1, I_2, I_3, \ldots I_\omega$ qui entrent dans la transformation susdite (48), c'est-à-dire, faisant

$$S = I_1 + I_2 + I_3 \ldots + I_\omega,$$

les formules (69) et (70) dont il est question, recevront la détermination exacte que voici . . . (158)

$$R_p = h_p^{(0)} . S$$
$$R_p' = h_p^{(1)} . (U(1)_1 + S . i)$$
$$R_p'' = h_p^{(2)} . (U(2)_2 + U(2)_1 . i + S . i^2)$$
$$R_p''' = h_p^{(3)} . (U(3)_3 + U(3)_2 . i + U(3)_1 . i^2 + S . i^3)$$

etc., etc.,

en faisant . . . (158)′

$$U(1)_1 = I_1 . P(1)_1^{(1)} + I_2 . P(1)_1^{(2)} + I_3 . P(1)_1^{(3)} \dots + I_\omega . P(1)_1^{(\omega)}$$
$$U(2)_1 = I_1 . P(2)_1^{(1)} + I_2 . P(2)_1^{(2)} + I_3 . P(2)_1^{(3)} \dots + I_\omega . P(2)_1^{(\omega)}$$
$$U(2)_2 = I_1 . P(2)_2^{(1)} + I_2 . P(2)_2^{(2)} + I_3 . P(2)_2^{(3)} \dots + I_\omega . P(2)_2^{(\omega)}$$
$$\dots\dots\dots\dots\dots\dots\dots\dots$$
$$U(\varpi)_\pi = I_1 . P(\varpi)_\pi^{(1)} + I_2 . P(\varpi)_\pi^{(2)} + I_3 . P(\varpi)_\pi^{(3)} \dots + I_\omega . P(\varpi)_\pi^{(\omega)},$$

ϖ et π étant deux indices quelconques.

Cette inexactitude que nous venons de signaler dans la forme de quelques résultats, provient ici de l'interruption continue qui a été mise dans la rédaction de cet ouvrage.

Page 52, *lignes* 2 *et suiv.* — Cette forme générale (68) est proprement le PRINCIPE FORMEL DE L'INTERPOLATION, comme nous l'avons déja dit à la page 120. Et c'est précisément ce principe formel (68) qui était requis pour compléter la métaphysique de l'interpolation, telle que nous l'avons exposée dans la Philosophie de la Technie (1re section, page 92 et suiv.), où nous avons supposé expressément cette forme présente (68) dans les développements (40)′ et (41)′ (*ibid.* pages 111 et 114). — Quant à la déduction de la loi que suit la génération technique présente (25) ou (33), de laquelle dérive ce principe formel (68) de l'interpolation, elle se trouve dans la Philosophie de la Technie, sous les marques (490) et suivantes

(2e section, pages 517 et suiv.), comme nous l'avons déja annoncé plus haut.

Pages 54 *et* 55. *Note.* — Pour ce qui concerne la dénomination de ce procédé algorithmique de M. Laplace, il est actuellement clair qu'elle doit être : *Cas le plus particulier du Canon algorithmique*, ou simplément *Canon particulier de M. Laplace.*

Page 60. — Le développement (80) est la loi primitive des *développements incomplets* que nous avons signalés dans la seconde section de la Philosophie de la Technie (pages 510—512), et déterminés sous leur forme la plus simple (487)'. On comprendra facilement qu'en procédant de la manière que nous l'avons fait dans l'ouvrage présent pour arriver à la loi (80), on parviendra directement à toutes les autres lois dans le même système de développements incomplets. Ainsi, cette classe spéciale de développements de fonctions, que, dans l'ouvrage que nous venons de citer, nous avons promis de faire connaître, se trouve actuellement donnée dans toute sa généralité.

Page 64. — Les circonstances immédiates de la théorie de la numération, dont il s'agit ici, et que nous donnons dans l'ouvrage présent, sont précisément celles que nous avons promises à la page 139 de la première section de la Philosophie de la Technie. Quant à la loi fondamentale de cette même théorie de la numération, nous savons déja, par ce qui a été dit à l'endroit cité, que cette loi fondamentale se trouve donnée immédiatement dans notre Loi suprême des mathématiques.

Pages 73, *lignes* 8 *et suiv.* — Pour avoir une idée générale de la relation des fonctions φx et $\nabla^{\varpi}\varphi x$, il suffit de généraliser les principes que nous avons exposés sous les marques (153), (154) et (155). En effet, d'après ces principes, ayant la génération consécutive (84), savoir . . . (159)

$$\nabla^{\varpi}\varphi x = A_0 . \nabla^{\varpi-1}\varphi x + A_1 . \nabla^{\varpi-1}\varphi(x+\omega) . \; . \; . \; . + A_\mu . \nabla^{\varpi-1}\varphi(x+\mu\omega),$$

on aura, pour la relation générale des fonctions $\nabla^m\varphi x$ et $\nabla^n\varphi x$, leurs exposans m et n étant des nombres quelconques, positifs, négatifs, ou zéro, entiers, ou même fractionnaires, on aura, disons-nous, leur génération réciproque . . . . (160)

$$\nabla^m\varphi x = B_0 . \nabla^n\varphi x + B_1 . \omega . \frac{d\nabla^n\varphi x}{dx} + B_2 . \omega^2 . \frac{d^2\nabla^n\varphi x}{dx^2} + B_3 . \omega^3 . \frac{d^3\nabla^n\varphi x}{dx^3} + \text{etc.};$$

les coefficiens B_0, B_1, B_2, etc. étant ceux ceux de la génération technique suivante . . . (160)'

$$(A_0 + A_1 . z + A_2 . z^2 \; . \; . \; . \; . + A_\mu . z^\mu)^{m-n} =$$
$$= B_0 + B_1 . Lz + B_2 . (Lz)^2 + B_3 . (Lz)^3 + \text{etc., etc.}$$

Les géomètres ne manqueront pas de remarquer que la formule (160), en y faisant $m = 0$, et $n = \varpi$, donne, d'UNE MANIÈRE ACHEVÉE, l'intégration de l'équation générale aux différences (89), savoir de l'équation $\nabla^{\varpi}\varphi x = fx$; pourvu qu'on y ajoute la fonction élémentaire φx que donne immédiatement l'intégration de l'équation simple $\nabla^{\varpi}\varphi x = 0$, par la répétition de la formule (87), ou plutôt par la répétition ϖ fois de chacune des racines n_1, n_2, n_3, etc. qui entrent dans cette formule.

Page 112. — Dans la note annoncée au bas de cette page, nous devions, pour la possibilité de l'intégration générale des équations dont il s'agit ici, compléter notre théorie générale des facultés, telle que nous en avons donnée la déduction philosophique dans l'Introduction à la Philosophie des Mathématiques, et l'exposition algorithmique dans la première des notes attachées à la Réfutation de Lagrange. En effet, il manque encore à cette théorie l'algorithme inverse, c'est-à-dire, l'extraction des bases des facultés, qui correspond à l'extraction des racines des puissances; et, comme dans la théorie de la graduation (des puissances), c'est précisément dans cette extraction des bases des facultés que consiste l'utiliié théorique essentielle de ces nouvelles et importantes fonctions. En nous réservant de traiter cette question complémentaire dans notre intégration générale des équations, que nous avons déja annoncée, nous nous bornerons ici à en présenter le principe fondamental, qu'il faut connaître pour comprendre la réduction que nous avons opérée, sous la marque (150)'', en passant de l'intégration générale des équutions du second ordre à celle des équations du premier ordre. Ce principe est . . . (161)

$$\left((\varphi x)^{\frac{p}{n}\,|\,n\xi}\right)^{q\,|\,p\xi} = (\varphi x)^{\frac{pq}{n}\,|\,n\xi},$$

φx étant une fonction quelconque de la variable x, et $n\xi$ ou $p\xi$ l'accroissement de cette variable dans la formation des facultés, et de plus p, q, n des nombres quelconques.—Si l'on avait donc une fonction connue Fx et une fonction inconnue fx, telles que . . . (162)

$$(fx)^{n\,|\,\xi} = Fx,$$

on tirerait immédiatement, du principe présent (161), le résultat . . . (162)'

$$fx = (Fx)^{\frac{1}{n}\,|\,n\xi};$$

et c'est là l'*extraction des bases des facultés*, correspondante à l'extraction des racines des puissances. Ainsi, en appliquant au second membre de ce résultat (162)' notre loi fondamentale des facultés, telle qu'elle se trouve donnée dans la note susdite de la Réfutation de Lagrange, on obtiendra, moyennant la fonction connue Fx, la génération de cette fonction inconnue fx, déterminée par l'équation du nouveau genre (162), à laquelle, comme nous le verrons ailleurs, se réduit l'intégration des équations.

FIN.

TABLE MÉTHODIQUE.

ERRATA.

Page 4, ligne 16, $\frac{k_3}{3}$ *lisez* $\frac{k_3}{t^3}$

9, 1, de l'Algorithmie. *lisez* dans la théorie de l'Algorithmie.

11, 14, *Idem.*

12, 4, $\Delta^n(y_{x+\iota})$, *lisez* $\Delta^n(y_{x+i})$,

18, 15, $(q+\zeta p-1)$ *lisez* $(q+\zeta|p)$

20, 12, $c_\mu . \iota$ *lisez* $c_\mu . i$

22, 8, (9) *lisez* (9) ou (11)

23, 5 et 6, $\frac{1}{2}$ *lisez* $\frac{1}{2}$, $\frac{1}{3}$ *lisez* $\frac{1}{3}$

24, *dernière*, $M(\mu)$ *lisez* $M(\mu)_1$

25, 11 *et suiv.* Voyez ci-dessus, dans les Remarques concernant la page 25, la correction des formules (22).

32, 19 *et* 20, sous la marque (11), *lisez* sous les marques (11) et (12),

33, *dernière*, $\Delta_\beta fx =$ *lisez* $\nabla_\beta fx =$

37, 20. Voyez ci-dessus, dans les Remarques concernant la page 37, la détermination générale de la formule (43).

42, 11, de la fonction précédente ∇fx, *lisez* de cette fonction présente ΔFx,

43, 20. Voyez ci-dessus, dans les Remarques concernant la page 43, la correction de la formule (54).

51, 1 *et suiv.* Voyez de même, dans les Remarques concernant la page 51, la vraie généralisation des formules (68) et (69).

55, 2, dans la science. *lisez* dans la théorie de la science.

58, 21, $z-\zeta =$ *lisez* $\frac{z-\zeta}{a_\omega} =$

Idem, 24, $\frac{dt}{dz} =$ *lisez* $a_\omega . \frac{dt}{dz} =$

59, 10 *et suiv.* Dans les formules (79), multipliez les premiers membres par a_ω.

79, *dernière*, $\left(\frac{1}{n}\right)^{\frac{}{\omega}}$ *lisez* $\left(\frac{1}{n}\right)^{\frac{x}{\omega}}$

www.ingramcontent.com/pod-product-compliance
Ingram Content Group UK Ltd.
Pitfield, Milton Keynes, MK11 3LW, UK
UKHW012040240726
13965UKWH00003B/930